远程居家办公指导手册

主　编　赵琛徽

副主编　吴梦圆　张妤菲　王　青

WUHAN UNIVERSITY PRESS
武汉大学出版社

图书在版编目(CIP)数据

远程居家办公指导手册/赵琛徽主编;吴梦圆,张好菲,王青副主编.—武汉: 武汉大学出版社,2022.8(2023.12 重印)

ISBN 978-7-307-20721-9

Ⅰ.远… Ⅱ.①赵… ②吴… ③张… ④王… Ⅲ.办公自动化—应用软件—手册 Ⅳ.TP317.1-62

中国版本图书馆 CIP 数据核字(2022)第 141909 号

责任编辑:范绪泉　　　责任校对:李孟潇　　　版式设计:马　佳

出版发行: **武汉大学出版社**　(430072　武昌　珞珈山)

(电子邮箱: cbs22@ whu.edu.cn　网址: www.wdp. com.cn)

印刷:武汉邮科印务有限公司

开本:787×1092　1/16　印张:7.5　字数:150 千字　插页:1

版次:2022 年 8 月第 1 版　　2023 年 12 月第 2 次印刷

ISBN 978-7-307-20721-9　　定价:29. 00 元

前　言

当前，世界百年未有之大变局加速演进，世界之变、时代之变、历史之变的特征更加明显，需要应对的风险和挑战、需要解决的矛盾和问题比以往更加错综复杂，反映在工作领域就是远程居家办公模式快速兴起。《中国互联网络发展状况统计报告》显示，截至2020年12月，我国远程办公用户规模达3.46亿，较2020年6月增长1.47亿；2022年发布的《中国远程居家办公发展报告》称在不考虑疫情影响的情况下，高达95%的求职者希望一周中至少有1天可以远程居家办公，几乎一半求职者的需求是一周3天以上，20%的求职者希望全部天数都可以远程居家办公。

远程居家办公改变了传统的办公环境和任务形态，工作更加弹性和自由，也更加碎片化和无边界，员工可以在远离领导直接监控和同事互动压力的情况下，脱离时空的桎梏，利用移动互联网随时随地如鱼得水般地开展工作，但也可能由于缺少自律而更易受干扰、更易懈怠，置身于每5分钟被抓拍一次的视频监控中而焦虑不安，结果是工作没做好，生活也一团糟。远程居家办公也让组织不知如何授权、信任和激励员工，员工在家会不会摸鱼？如何引导员工全身心地工作？毫无疑问，新时代背景下远程居家办公对组织、管理者和员工个人都带来了巨大的挑战，如何实行高效的远程居家办公，如何做到多方共赢成为了普遍关注的话题。

本手册的编写工作始于2020年初，当时正值武汉新冠疫情爆发时期，我主要通过网络来给学生上课和学术指导，同时正在研究远程办公对员工创新行为的影响。我意识到当下企事业单位线下复工复产需要克服巨大困难，新冠疫情为远程居家办公按下了快进键，并且由于“云大物移智链”等新技术的加持，远程居家办公将会迎来爆炸式的发展而成为常态化的工作模式，从精英阶层和自由职业者拥有的特权骤然演变成广大群众都必须掌握的一项生存与职业技能。同时我们发现远程居家办公虽好，但很难悠游自适、保持家庭工作平衡，甚至更忙、更累、更乱，衍生出许多心理健康、劳动权益和沟通交流等方面的问题。面对此情此景，作为一名大学教师和研究人员，如何把理论成果转化为具有实践价值和科普意义的指导手册，在这个特殊时期做出学者应有的贡献，成为我们团队不约而同的共同选择，那就是编写一本简明适用的手册来帮助和服务大家，普及和宣传远程居家办公的有关知识与技能，从而让广大使用者可以更好地适应、融入和享受远程居家办公的工作模式，让组织降低运行成本、更加弹性高效，也能够让员工享受更大的工作自主权与灵活性，学会在工作中生活，在生活中工作。

本手册坚持问题导向，聚集广大群众热切关心的焦点，从远程居家办公的起源演变、方式方法、工具应用、劳动保护、心理调适、平衡艺术与卫疫防控等方面，全面归纳总结了组织、管理者和员工在远程居家办公实施过程中所遇到的问题，手册共分为7个章节141个问题，并采用一问一答的形式，立足于远程居家办公最新发展理论，结合我国国内远程居家办公的最新现状，给出了相对科学合理的解答和有指导性的解决办法。与此同时，本手册还提供了许多典型的现实案例，使得该手册更具有鲜明的时代性、实用性和指导性。

远程居家办公方兴未艾，信息技术日新月异，再加上手册的工具性特征，要求必须做到科学、精准、精炼和实用，编写工作毫无疑问费时费事、困难重重，需要编者既要严谨认真、一丝不苟，又要创新探索、追求卓越。在手册的编写过程中，由赵琛徽提出编写框架和大纲，并具体负责编写及组织工作，吴梦圆、张好菲和王青全程参与编写并承担副主编工作，周坤顺、蔡兵权、符诗雅、邹静、加永嘎措、李茹莉、胡佩君、李一帆、赵博雅、赵博达等参与了手册的讨论、写作和完善。

本手册在编写过程中，参阅和引用了国内外许多专家学者的研究成果，没有这些专家学者的开拓性工作，本手册就难以问世，在此表示深深的谢意。还要借此机会特别感谢中南财经政法大学工商管理学院领导和学术委员会专家的高瞻远瞩，特批出版基金支持我们编写这本科普读物式的指导手册。

尽管我们在编写过程中付出了极大的努力，但由于时间仓促，再加上学识所囿，手册中难免存在缺点和不足之处，真诚欢迎广大使用者不吝指正，将宝贵意见发送至chzhao2000@ 163. com，我们将不断改进，使其日臻完善。

赵琛徽

2022年7月31日

目　　录

第一章　远程居家办公情况概览

1. 什么是远程居家办公？

远程居家办公的概念最早在20世纪70年代由美国学者杰克·奈尔斯(Jack Nilles)提出，他当时正在寻找解决汽车交通堵塞的方法。他提出，允许员工在家工作可以减少路上的车辆数量，可以改善高峰期的道路拥堵情况。如今随着科技的进步和互联网的普及，远程居家办公的定义逐渐发展，将信息和通讯技术的含义融入其中，即：远程居家办公是一种灵活的工作方式，它使得组织中的受薪员工在相当一部分工作时间内可以在远离领导或传统办公地点的家中工作，通常使用ICT(information and communication technology)来支持工作和与主管、同事、客户的交流。在英文表达中，远程居家办公被称为small office，home office，简称SOHO。

2. 远程居家办公兴起的背景是什么？

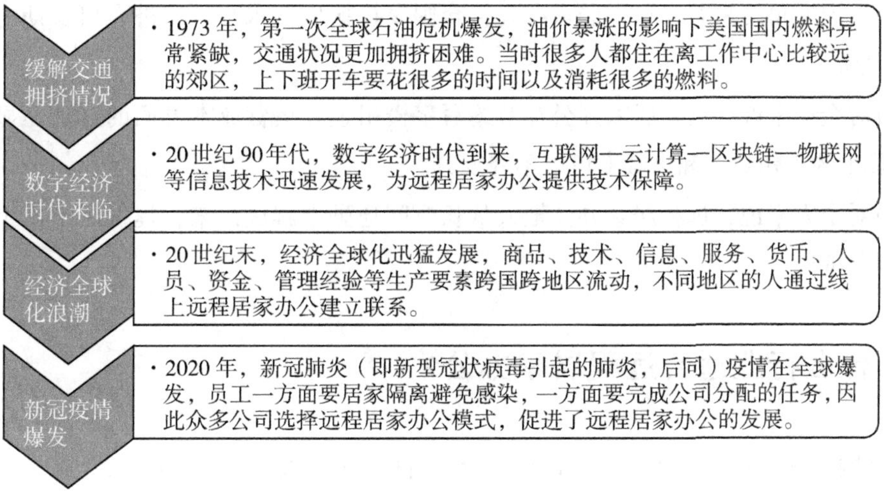

缓解交通拥挤情况
- 1973年，第一次全球石油危机爆发，油价暴涨的影响下美国国内燃料异常紧缺，交通状况更加拥挤困难。当时很多人都住在离工作中心比较远的郊区，上下班开车要花很多的时间以及消耗很多的燃料。

数字经济时代来临
- 20世纪90年代，数字经济时代到来，互联网—云计算—区块链—物联网等信息技术迅速发展，为远程居家办公提供技术保障。

经济全球化浪潮
- 20世纪末，经济全球化迅猛发展，商品、技术、信息、服务、货币、人员、资金、管理经验等生产要素跨国跨地区流动，不同地区的人通过线上远程居家办公建立联系。

新冠疫情爆发
- 2020年，新冠肺炎（即新型冠状病毒引起的肺炎，后同）疫情在全球爆发，员工一方面要居家隔离避免感染，一方面要完成公司分配的任务，因此众多公司选择远程居家办公模式，促进了远程居家办公的发展。

3. 当下远程居家办公的现实原因有哪些？

(1)新冠肺炎疫情的全球爆发

出于防控疫情的考虑，为降低人员聚集，减少人员流动，同时维持企业的正常运行，许多企业不得不改变其运营方式，员工也不得不改变工作场合和方式，选择居家办公。

(2)自由从业者不受地域空间限制

例如：自由撰稿人、设计师、视频自媒体、摄影摄像师、翻译、插画师、产品体验官、配音录音师、心理咨询师等，以家庭为单位的作坊式职业者等，可以居家办公。

(3)实现工作和家庭的平衡

家庭中的女性角色既要操持家务和陪伴孩子，有时候甚至要照顾夫妻双方年迈的父母，还要完成公司交代的任务，为了兼顾二者，可以选择远程居家办公，将每天上下班的通勤时间充分运用到家庭角色的履行中，促进工作和家庭的平衡。

4. 远程居家办公的时代意义是什么？

(1)对宏观经济而言，远程居家办公为疫情冲击之下稳就业提供了韧性空间，增加了经济体应对负面冲击的能力。

(2)从国家角度来看，远程居家办公符合国家提振生育水平、促进人口长期均衡发展的战略大局。

(3)对企业来说，远程居家办公在节约写字楼租金和运营成本方面的好处是显而易见的，而员工的工作效率和忠诚度可能不降反升。

(4)对个人来说，远程居家办公把人从长时间通勤中解放出来，提供了平衡生活和工作的弹性空间。

5. 什么行业适合远程居家办公？

互联网、数字化、单体化、知识型的行业占据远程居家办公主力位置。从一级行业来看，教培行业、IT/通信/电子/互联网行业、文化/传媒/娱乐/体育业、金融业等适合远程居家办公。从二级行业来看，互联网/电子商务、专业服务/咨询(财会/法律/人力资源等)、保险和电子技术等行业适合远程居家办公模式。

6. 什么岗位适合远程居家办公？

相较于线下办公，薪资较高、学历和经验限制较少的岗位更适合远程居家办公，例如：销售、客服、互联网、影视媒体、行政、兼职等。特点总结：企业的人事、行政、后勤、财务等辅助性岗位；工作内容、劳动条件、劳动工具主要依托互联网技术的岗位；工作内容有阶段性，工作成果有可确定性、可量化性的岗位；工作内容不涉及商业秘密或商业秘密保护具有可操作性的岗位。

7. 远程居家办公的应用情况如何？

(1)远程居家办公所占比重在疫情后显著上升，呈现出应对危机的韧性。

(2)疫情冲击下，大量组织迈出了远程居家办公的第一步，中小组织是主力军。

(3)北上广深是远程居家办公的主力城市，疫情后中西部城市份额逐步上升。

(4)疫情期间求职者远程居家办公呼声高，而组织的实际采用率较低。

(5)企业数字化转型助力远程居家办公发展，越来越多的远程居家办公软件被应用。

8. 远程居家办公未来的发展趋势如何？

(1)远程居家办公设备日趋全面

目前中国在线办公软件大致分为三大阵营。一类是互联网企业，以办公软件作为其他业务的廉价获客渠道，这种类型的软件相对简单，覆盖面广，但不深入，如钉钉、企业微信等。一类是专业在线办公软件，功能深入，但较为单一，如 CRM 系统。还有一类则为企业内部办公软件，如飞书、Kim。

(2)远程居家办公模式普及度越来越高

长期以来，在中国远程居家办公模式并未像国外发达地区一样得到较好的发展，大众对居家办公模式的认知相对片面。2020 年，受新冠肺炎影响，不少企业采取居家办公模式，通过一段时间的试错与体验，越来越多职场人对居家办公的利弊有了更全面的认识，对居家办公所需的环境和条件有了更深刻的了解，为日后居家办公规模的发展壮大奠定了基础。

(3)远程居家办公技术日趋成熟

居家办公的本质是在线上处理各种工作任务，这对职场人的软硬件设施具备一定要求。技术进步不仅能提升软硬件设施的性能，还能降低相关设施的使用门槛，从而为更多职场人创造居家办公的条件。与此同时，技术进步还会加速传统行业转型升级，未来会有更多行业实现业务流程自动化、智能化、线上化，这将促使企业拥抱更灵活多样的远程办公方式。

9. 远程居家办公的优势有哪些?

远程居家办公的优势可概括为表 1. 1。

表 1. 1　　远程居家办公的优势

企业层面	个人层面
(1)节省行政办公支出，降低对办公空间的要求。	(1)减少通勤成本和时间，提升员工满意度。
(2)有利于吸引高素质人才，提升员工满意度和企业形象。	(2)提高员工自主管理能力。
(3)有利于增强组织管理灵活性，提高应对负面冲击的韧性。	(3)消除办公室的各种干扰和其他同事负面的影响，专注高效地完成工作。
(4)有利于企业向移动化、数字化转型。	(4)可适当照顾家庭与生活，有利于工作与家庭平衡。

10. 远程居家办公的劣势有哪些?

远程居家办公的劣势可概括为表 1. 2。

表 1. 2　　远程居家办公的劣势

企业层面	个人层面
(1)沟通不畅，组织向心力面临挑战。	(1)直接联系减少，易与公司业务产生脱节。

续表

企业层面	个人层面
(2)工作效率和组织效能难以有效衡量。	(2)家庭成员或环境对工作有一定程度的干扰，可能造成工作与家庭的冲突。
(3)对员工行为缺乏有效管理，难以管控工作品质。	(3)缺乏自律者容易懈怠，时间不好掌握。

11. 远程居家办公对企业有什么要求？

(1)要进行岗位分析，有选择性地试行远程居家办公模式

需要对岗位工作性质进行分析，有选择性地试行。可以从与人接触性、设备采用情况两个维度进行岗位分析，特殊设备依赖程度低，与人面对面接触频率低的工作可以采取远程居家办公；特殊设备依赖程度低，与人面对面接触频率高的工作和特殊设备依赖程度高，与人面对面接触频率低的工作可以部分采取远程居家办公模式。

(2)灵活安排上下班时间

对全体成员的工作时间进行灵活安排，提高工作效率。但需要注意，远程居家工作不是旅行办公，也不是有活就干没活休息，要求每个人都应该有更高的自律标准，上班时间内完成组织交代的任务，保障公司的正常运营。

(3)工作时间内，确保团队成员在线

让所有团队成员随时保持在线，需要时可以随时在线讨论，这是远程协作的基础。虽然远程居家办公者居家独立办公，但他的工作与办公室的伙伴都需要相互协同和配合，缺乏团队其他成员的输入与贡献，远程居家办公者的工作效能也会大受影响。

(4)营造公开、透明的工作文化氛围

营造公开、透明的工作文化氛围。远程居家办公者最怕在居家办公期间遗漏了公司正在发生的重要信息而造成工作的障碍，这就需要公司及时将业务变化、客户的需求、高层的要求快速及时地传递给远程居家办公者。

12. 远程居家办公对管理者有什么要求？

(1)定期沟通交流

定期安排会议。可在会前发小红包，保证人人都有，激励员工的同时，确定在线和不在线员工人数；会中，管理者具体安排近期工作并督促员工完成当天工作任务，管理者和员工分享一些新资讯，方便远程居家办公者知道公司情况。

(2)不断学习，掌握远程居家办公最新技术

“云端数字白板技术”——在线同时编辑、处理数据文件，利用键盘、鼠标等方式进行数据处理，不仅重新界定了“开会”的未来模式，更令身处世界各个角落的同事都可实现实时协作办公。这就要求管理者不断学习，掌握远程居家办公最新技术，并定期安排培训工作，将新技术传授给远程居家办公员工，以此来提高工作效率。

(3)明确员工的工作安排

目前大部分公司都是采用层级管理的方式，领导直接对接高层管理人员，高层管理人员直接对接中层管理人员，中层管理人员直接对接普通员工，每一个层级都要明确下一层级的工作安排。细化、量化工作安排，及时监督和帮助。

(4)确定起止的工作时间

对于远程居家办公而言，工作时间是弹性的。但如果想要提升自己的效率，那么根据自己的实际情况和公司相关规定，设置一个属于自己的上下班时间就很关键了。对于早上而言，自己制定的上班时间能够有效地帮助自己快速进入工作的状态当中，而设置一个下班时间，也能够督促自己尽快完成手中的工作。

13. 远程居家办公对个人有什么要求？

(1)打造自己的工作场地

改变周围的环境，及时自我调整，腾出一片专门的办公空间(哪怕只是一张桌子)，在这个空间内所做的所有东西都跟工作有关，当来到这个工作空间时，就知道自己现在是应

该工作了。

(2)制定自己的时间表

可以使用一些像"番茄时钟"这样的工具。它可以设置25分钟的倒计时，结束后是5分钟的休息时间，每30分钟就是一个番茄时间。在工作时间中需要全身心的投入，并为每个任务设置合适的番茄数，从而帮助更好地规划时间。

(3)与同事高效沟通

使用沟通工具，企业微信、飞书等工具都能够很好地满足日常的需求。提升沟通技巧，例如，可以直接通过微信语音的方式跟同事交流，涉及多人协同的时候，5分钟的群视频能够很大程度地提升互相沟通的效率。

(4)一套专属的工作装扮

在Jason Fried的*Remote*一书中提到了一个很有意思的技巧，就是试着在工作和休息的时候穿不同的衣服。这倒不是说在家里也要西装革履，而是可以有一些专门的、用于工作的着装，这些着装需要和平时周末在家穿的有所区别。一旦有了这种仪式感，它就能很容易帮你进入工作状态当中。

(5)减少分心的东西

可以使用"冲刺工作"的方法，强制自己一定先完成某项工作。减少造成干扰的东西，有时候仅仅是把手机放得离你稍微远一点点，其实都能大幅降低分心的可能性。

(6)确定起止的工作时间

对于远程居家办公而言，工作时间是弹性的。设置一个属于自己的上班时间，快速进入工作的状态；规定下班时间，督促自己尽快完成手中的工作。

14. 远程居家办公给组织带来的挑战有哪些？

(1)公平挑战

远程居家办公可视为企业对员工的一种弹性工作福利，但也可能诱发公平性问题。比如，公司根据不同岗位使用远程居家办公模式，同时有一部分员工只能在办公场所进行工作，这样容易造成组织中不同工作方式员工之间相互妒忌，甚至演化为更严重的人际敌视。此外，组织不清楚员工在远程居家办公过程中受到的伤害是在正常工作中导致的，还是在其他非工作活动中遭受的，因此在员工的补偿性问题上难以确保公平性。

(2)伦理挑战

与传统办公室办公中的领导视察、同事监督不同，远程居家办公所采用的互联网虚拟技术将对人性带来极大的考验，容易引发工作场所中偷懒、泄密和造假等伦理问题(Moon & Stanworth，1997；Trevino，et al.，2014)。比如，由于缺少主管和身边同事的指导与监督，居家办公可能会诱发素质不高的员工实施更多的偷懒和网络闲逛行为；由于缺乏必要的保护措施，远程居家办公可能加剧组织数据安全的风险，造成人为泄密事件的发生；虚拟环境也可能促使员工实施更多的欺骗、造假、说谎话等不诚实行为(Moon & Stanworth，1997)。

(3)团队挑战

团队是当前比较流行的工作方式。然而，远程居家办公所强调的分散性、独立性，必将对团队协作造成一定的冲击。由于组织中很多创造性工作需要员工面对面交流、频繁沟通，这就要求员工更多采用集中办公。远程居家办公不利于信息交流、知识共享，及时通信技术也无法像面对面沟通那样直接、高效，从而阻碍了员工的团队协作，也会对员工的人际关系造成影响。

(4)管理挑战

为了更好地对员工进行监督和管理，远程居家办公对管理人员提出了更高的管理要求。除了要掌握先进的技术对员工进行监督以外，多种工作方式组合、不同员工时间和任务的安排、进度的把控、沟通与反馈、紧急情况的判断与处理、情绪的安抚等，都要求领导掌握更多的管理技能。Trevino 等(2014)就指出各级领导需要具有较高的管理才能，用来消除员工在远程居家办公过程中的组织脱离感，员工只有和直接领导亲密感较高时才能更好地完成工作任务。

15. 远程居家办公给员工带来的挑战有哪些？

(1)心理挑战

远程工作者与同事/领导直接接触较少，非正式交流机会有限，彼此之间难以建立社会情感连接，很容易产生隔绝感和陌生感；电子通讯工具缺乏丰富性和现实存在性，沟通成本高、时间长，这也会给员工带来一定的心理压力。由于长期不在办公室办公，游离于企业之外，员工缺乏与领导和同事之间的感情沟通，不利于塑造企业文化，也难以培养员工的归属感。

(2)干扰挑战

不同于只有领导和同事的办公室办公，远程居家办公由于缺乏工作氛围，各种随机事件较多，导致员工很难杜绝其他非工作因素的干扰。

(3)隐私挑战

当员工把生活和工作放在相同的物理空间，其心理和时间在家庭与工作之间的界限就会变得更加模糊，员工的个人生活和隐私难免会受到不同程度的干扰和侵犯(Basile & Beauregard，2016)。由于新生代员工自我意识较强，很注重保护个人隐私，当管理人员对他们进行监督时，员工的隐私权就难以保证，势必会导致管理人员和员工的关系变得更加紧张。

16. 远程居家办公的形式有哪些?

(1)部分时间在家工作

目前业界使用较广的混合型工作模式是"1-3-1"模式和"4+3"模式。"1-3-1"模式，"1"即周一碰头，布置当周的总体工作任务和各人的工作安排，同时明确当周、每天、每人的里程碑节点，确保目标和路径协调一致。"3"即周二至周四"3"天在家办公，在家办公期间，每天早上10分钟，部门或项目全员远程会议，再次明确当天各自工作任务；每天中午30分钟，进行例行沟通，确保需要多方协调互动的工作能够及时有效推进；每天晚上10分钟，进行总结复盘，汇报当天工作进展，提交工作成果，提出明日工作要求，做到"日事日清，日清日高"。"1"即周五继续线上碰头，复盘当周工作完成情况，及时给予反馈，提出要求，总结经验，并形成新的"1-3-1"工作思路。"4+3"的模式，即安排员工每周有4天需要前往办公室，此外还有一天可以选择在家远程居家办公，这一天可以固定在每周五，也可以根据实际情况安排在周六或者周日。总之，以更灵活的方案同时满足企业和员工两方面的需求，实现为企业降低成本和为员工节约时间的效果。

(2)全部时间在家工作

有些远程居家办公者由于工作岗位的特殊性或是疫情防控要求，一周5天都在家庭处理工作。通过全天候在家工作，从任务驱动到目标驱动转型，使用目标驱动策略，公司或者自己制定明确的目标，充分发挥积极性。这个目标设置要具有挑战性但是可以达到，即使员工在家办公，也能充分激励员工，提高工作积极性。

17. 远程居家办公的公司文化建设重点是什么?

从组织层面讲，一个远程居家办公的团队同样要有企业文化的认同感，同时也会形成自己独特的亚文化。关于远程居家办公的文化建设，重点体现在以下四个方面:

(1)远程居家办公需要有对组织使命、愿景、价值观的认同感和归属感。这就需要组织建立适合远程居家办公的文化塑造和传导机制。

(2)远程居家办公同样需要关注团队建设、员工专业成长需求和心理诉求，要定期组织相关培训、分享，增进日常的互动交流。

(3)建立适合远程居家办公的员工职业发展、团队激励与团队福利方式，如职务晋升、业绩奖励、即时激励、荣誉感、礼品、重要线下活动等。

(4)远程居家办公需要建立共享、协同、互助、开放、可信任的团队精神。

18. 远程居家办公的要点有哪些?

远程居家办公的三个要点是：信任、生产力以及安全。

(1)信任是指领导以及团队伙伴对你的信任。纵使每天去公司上班，也不一定会做到实时沟通，天天汇报，所以把自己的安排和进展主动呈现给大家，那么别人就会对你的工作安排一目了然。

(2)生产力则是自己的产出以及效率。在公司办公能有一个工位供你使用，大家在一个屋子里形成很好的办公氛围；而在家也需要你找个安静的地方有自己独立思考的时间和空间，排除外界干扰。

(3)安全则指的是数据安全这部分。对于互联网信息和数据安全的防范、网络环境的安全与否都要严加注意。

第二章　远程居家办公如何开展

19. 远程居家办公如何完成入职手续?

(1)规模较大的公司一般可以线上完成入职手续。

(2)入职流程线上化、智能化、定制化、高效化。例如：北森极速入职可以实现入职流程的全程在线操作，无接触也能完成入职。新员工无论身处何地，都能通过手机完成入职，HR则无需重复录入员工相关信息，实现高效的人才入职管理。

(3)线上入职一般步骤

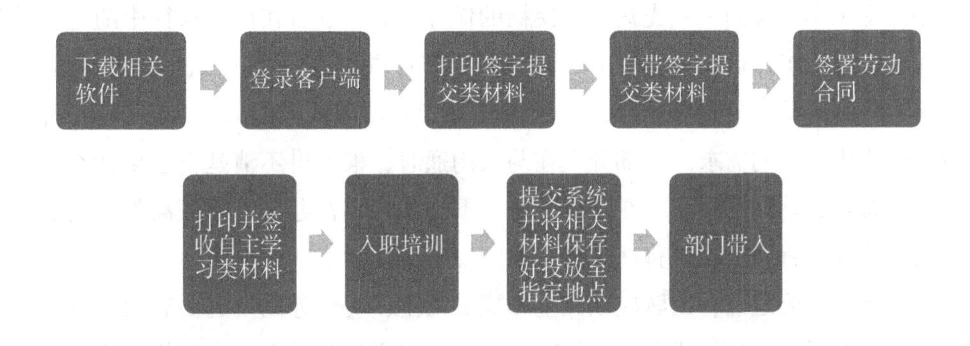

20. 如何进行线上打卡?

通过微信小程序、钉钉App进行打卡是很便捷的方式，包括早起打卡、健康打卡等，打卡时的定位和人脸检测功能也十分便于考察。

钉钉打卡步骤如下：首先打开钉钉，登录账户；点击“考勤打卡”；点击“申请”进入；进入后点击远程打卡。若忘记打卡，还可申请补打卡。

21. 如何进行远程检查？

借助办公软件实现上下级之间“点对点”直接高效沟通，打造垂直的上下级体系，开启上级“透视化”视角，比如：

（1）上级默认关注下级日程和任务。通过查看下级一天的工作安排，可全面掌握下级任务执行情况、完成情况等。同时，上级默认关注下级微博，可查看下级每日的工作总结，了解下级每天都在做什么。

（2）在日程与任务管理中，上级可直接为下级分配任务、安排日程。当需要进行某一协作时，上级可建立一个协作区，直接@下级进行任务处理。

（3）上级在布置任务时，可指定某一下级为负责人并设置时间节点。下级完成任务过程中，系统自动更新任务进度、执行情况。同时，上级还可借助任务报表实时分析团队整体任务进度情况。

22. 远程办公如何进行任务分配？

在办公室工作，我们一般先提一个模糊的任务目标，然后在任务执行中随时增补和调整任务内容。远程工作后，很多任务碎片化，散布在微信、钉钉、jira、confluence 等平台上，缺乏监督和跟踪，导致自驱能力或者多任务能力管理较弱的人无法区分任务优先级，无法及时响应内外部的需求。大部分人在与人沟通时，根本讲不清楚自己要什么，要达到什么目的，有什么计划和要求。在这样的场景下，如果不在办公室保证高效的沟通，工作没法开展，因此远程办公在进行任务分配时需要有所注意。

在实行远程办公之前，团队应该和全体成员约定：①任务的发起要有明确的目的、任务描述、完成时限、成员构成和明确的责任人；②收到任务时责任人和相关成员需要回复任务已经收到；③责任人需要根据完成时限，合理评估什么时间内可以完成；④任务执行进度、问题和计划的沟通就要基于书面记录，统一汇总起来，形成周全的任务计划；⑤领导或者项目责任人抓任务执行结果，跟进任务计划中的问题。

23. 远程办公如何进行工作汇报？

集中办公时，老板和领导随时能够当面询问进度和问题，远程工作时，我们更加依赖对汇报模式的约定。同时，部分工作汇报内容需要在团队内部公开透明，尽量让团队所有人都了解每位成员的工作汇报内容，而不是只向上级做单向的管道式汇报。

在实行远程办公之前，团队应该和全体成员约定：

(1)任务接收前必须搞清楚这5大问题：任务的目标是什么，工作的标准是什么，什么时间完成，需要投入多少时间，需要哪些相关部门或者同事配合。

(2)书面或是口头提交执行方案，首先制定详细的工作预案，划分时间点，作出执行路线图。

(3)领导批准你的方案之后，立即开展工作，但是工作开始过程中，很多事情都会有和预想的不一样的情况，一旦出现和预案不同的地方，带着你的方案汇报，让领导决定。

24. 远程开会与培训用什么形式？

(1)静态信息是指经过人的编辑加工并用文字符号或代码记录在一定载体上的信息，例如Word、PPT、Excel、文本、图片、网页等。开会和培训需要合理利用静态信息，方便随时多次查看，便于信息传递。

(2)动态信息指直接从个人或实物信息源中发出，且大多尚未用文字符号或代码记录下来的信息。远程办公不能面对面的沟通，必须通过线上的语音、视频等方式进行弥补，所以线上会议和培训交流时，要能够通过线上语音、视频等交流方式，随时开展一对一、一对多、多对多的语音视频会议、资料共享呈现，确保信息沟通的及时性与完整性。对于重要会议或培训，还可以借助线上会议系统的录播功能，录制成音频或视频文件，放在云存储系统中，反复倾听理解。

25. 远程开会与培训适合用什么工具？

(1)要做到高效的远程开会或者教学，至少满足三个前提。

①相对优质且稳定牢固的软硬件配置；②较低的认知成本，所选择的工具必须让员工能够在极短时间内快速上手；③保持时间的一致性，做到多人多地同时同步。

(2)短期方案：使用微信、QQ等应用软件，辅以部分高效应用软件或技能，解决短期需求。QQ可以共享屏幕和视频通话，微信只能视频通话。在工作中开会时，建议使用QQ的屏幕共享和白板功能。

(3)长期方案：考虑更加专业的协作工具、项目工具、会议工具和教学工具，制定高效的办公教学流程，迈出长期高效的第一步。远程开会与培训软件，最常见的是钉钉、zoom、腾讯会议、腾讯课堂、瞩目、Teams、Skype等软件以及boom云视频等会议系统。

(4)必备设备：笔记本或电脑+摄像头+麦克风。远程开会与培训与线下开会与培训有很大区别，选择远程会议工具时要注意功能稳定性等。

26. 文档在线储存与共享需要注意什么？

（1）文档资料在线存储与共享是远程办公成败的关键，在于信息沟通的及时性和顺畅性。资料的缺乏及提供的不及时，常会造成工作的停滞和方向性的错误。为确保工作高效，需要建立完善的在线文档存储共享系统，让团队成员能随时得到开展工作所需的最新的信息和资料，以方便工作开展，并在工作中能够及时将文件分享给项目中有需要的相关成员。

（2）同时需要保持文件的安全性。对于机密信息，严格按照公司的信息安全要求，只供有权限的人阅读，并避免不当的传播与复制。最好设置共享密码，并根据情况选择“只能读取不允许修改”还是“可读取且可修改”，注意备份，以防一方恶意删除或者其他意外。

27. 如何进行团队在线项目管理？

（1）对项目的计划时限和里程碑进行管理，随时掌握工作进度并与他人进行协同与沟通，确保各项工作的进度与团队其他成员密切配合。

（2）借助项目管理体系+平台（如 Tower、Worktile、Teambition）。

①需要一个项目管理平台把项目整个过程完整记录下来，并且不断审视、检讨、跟进、解决。

②项目团队应制作一个以结果为导向的 To-Do List，且需要大家共同来维护。把大的项目拆分出不同的版块，不同的版块拆分出不同的任务，然后再把总体任务拆分到具体的个人任务，明确每个成员的工作，使每个团队人员的工作内容、工作负载一目了然。

③采用活动流方式记录项目实施过程，驱动项目执行力。通过类微博化的活动流方式将项目执行的沟通过程记录，并且把信息同步关联到项目，关联到任务，关联到客户，关联到同事。

28. 团队在线项目管理注意事项有哪些？

（1）简化项目管理流程，进行轻量级的项目管理

减少对项目经理（PM）的依赖，项目成员全部参与项目管理。项目管理按“项目→任务

→事件”的方式，“自上而下”地进行工作的部署，人员调动和资源分配。项目执行中所有涉及的信息将按照“事件→任务→项目”的方式，“自下而上”地进行汇总，数据化和图表展示。

(2)注重单一项目管理的全面性

在做项目管理的时候，需要考虑到项目管理的方方面面，如：项目资源的配置、阶段的划分、项目里程碑设定等。需要有完善的项目任务管理、团队管理、财务管理、合同管理、文档管理、时间管理、绩效管理等。

29. 团队在线项目管理的数据图形工具有哪些?

(1)项目泳道图——展现全部项目的投入与收益情况，见图 2.1。

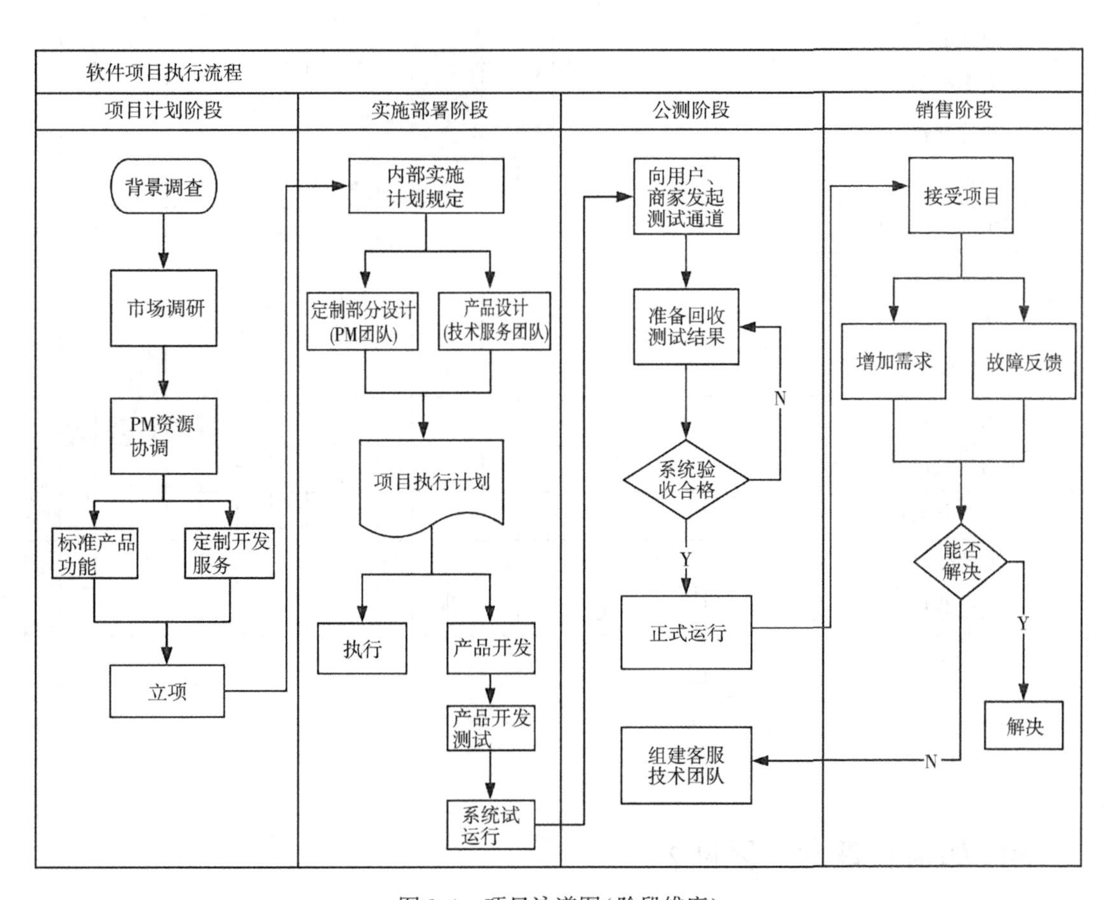

图 2.1　项目泳道图(阶段维度)

(2)项目动态图——展现全部项目推进情况。

(3)项目时间评估——展现全部项目所投入人力成本。

(4)项目季度复审——展现全部项目的收款、付款及合同资金情况的工具。

(5)项目甘特图——提供计划甘特图和追踪甘特图，可掌握任务的计划和任务的执行，了解工作的进度。见图 2.2。

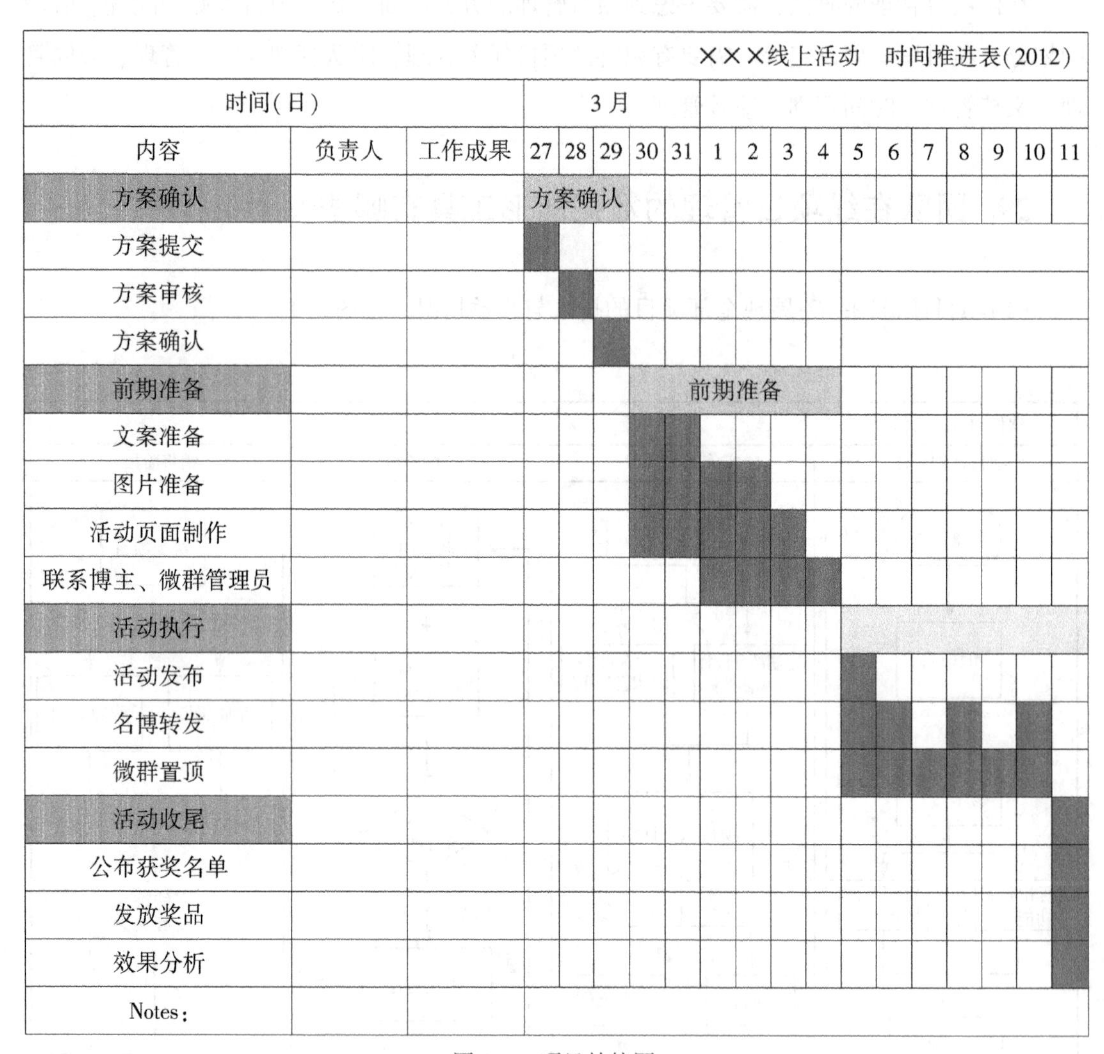

×××线上活动　时间推进表(2012)																		
时间(日)			3 月															
内容	负责人	工作成果	27	28	29	30	31	1	2	3	4	5	6	7	8	9	10	11
方案确认			方案确认															
方案提交																		
方案审核																		
方案确认																		
前期准备						前期准备												
文案准备																		
图片准备																		
活动页面制作																		
联系博主、微群管理员																		
活动执行																		
活动发布																		
名博转发																		
微群置顶																		
活动收尾																		
公布获奖名单																		
发放奖品																		
效果分析																		
Notes：																		

图 2.2　项目甘特图

30. 如何管理虚拟团队？

(1)始终以身作则，并且建立反馈循环，辨别有待改进的领域。管理者可以成为行为榜样，培养习惯，让团队在动荡时期备感安心。

(2)逐一聆听个人报告，了解员工的调整情况。确保了解员工在适应过程中面临的个人挑战，并在管理绩效和成果时考虑到个人情况。

(3)每天开始工作时，与每位远程工作员工进行10~15分钟的简短视频通话。若团队规模庞大，管理者则可与整个团队一起召开20分钟的站立会议。这样不仅可以保持日常沟通，还代表着每个工作日的开始，灌输工作心态。

(4)在团队内部设定沟通行为，确保信任感和平等感，消除形成小圈子的趋势。公司虽然已经提供了管理工具，但是管理者必须建立最佳实践和使用期望。

(5)避免微观管理，而应聚焦于监督和管理成果。保持在线并不是工作效率指标，您需要信任团队能够有效地管理他们的时间，实现您预先设定的成果。

(6)确保所有远程员工均可访问共享的团队文件和文件夹，工作文档始终保持最新。分享云端文件的链接，确保每个人都处理最新版本。

(7)分享您的日历和空闲情况，让员工知晓您的日程以及何时方便与您联络。

31. 如何减少员工的不安情绪？

(1)通过信息化工具，如系统里的公告栏、企业群等多种渠道及时向员工传递公司的政策制度。

(2)通过一些游戏化的有趣的方式来去激活员工的互动，如每天早晨例会的时候在群里发一个小红包，通过视频的方式观察员工的工作状态与办公环境，露个笑脸，可以通过制作个人表情包、5min打卡游戏等有趣生动的方式让线上化的工作嗨起来。

(3)安排在线学习课程，让员工利用在家办公期间提升组织和个人能力。

32. 企业如何做好疫情防控宣传工作？

企业文化宣传要密切关注疫情的变化，有针对性地开展适当的宣传报道，发挥正确的信息舆论导向作用，大力塑造良好的社会责任形象。

(1)对于那些直接参加“战疫”重大项目的公司(比如参建火神山医院的各种设施设备的配套安装单位，医疗机械、防护用品的生产单位，医院外聘的物业服务公司等)，企业应当安排人员24小时跟踪项目的进展情况，及时给予宣传报道。

(2)对于那些没有机会直接参与到抗疫工作中的公司，应该将公司的捐助事件报道出去，引导舆论关注疫情，尽其所能，捐款捐物。结合“战疫”中的事件，总结提炼企业文化理念，丰富充实企业文化故事。

(3)积极宣传科学防疫的知识，普及科学防疫方法，为战胜疫情做好公司自身的卫生防疫工作。

(4)积极宣传企业为复工所做的各项应对工作。应迅速开展必要的沟通协调工作，及时把决策层的想法传达下去，让员工及时了解公司的“战疫”部署，引导员工做好积极的配合工作。还应着重了解员工在疫情时期的心理动向，做好员工的心理健康疏导工作。同时向员工征集“战疫”的合理化建议，为公司渡过“战疫”难关发挥群策群力的作用。

33. 疫情期间企业如何做好政策落地工作?

员工会产生情绪波动主要源于大家对于疫情未知以及准备不足所带来的恐惧，则需要从两个维度工作帮助员工消除恐惧：

第一个维度是政策解释工作。

(1)员工安全第一。应该及时根据国家的政策和同行的操作拟定公司的人力资源政策，并且快速传达到每一个员工，让每个员工学习之后落实政策，比如说假期时长、延期复工的工资和工时结算细则，延迟复工的试行细则，排班、工作环境中的防护措施等。

(2)政策虽然简明，但是每一条政策都会衍生出非常多的操作细则，需要企业一条一条深入浅出地培训和解释给员工。

(3)支持业务管理者的工作，帮助他们进行答疑和反馈。HR 需要每日复盘，把一些共性的员工疑问总结出来，及时拟定常见人力资源问题的答疑和指引，指导这些管理者去面对员工，这样可以帮助员工更快速更全面地获悉政策。

34. 疫情期间企业如何做好员工关怀工作?

(1)缩短营业时间。在客观上去调整排班的班次，保证员工有充分的时间休息，从而增强体力，以保证他们可以抗击疫情。

(2)为到岗的员工提供安全保障物资。为员工配备医用口罩、雨衣、护目镜、口罩等物资，对关键岗位(如与顾客高频接触的收银员)需要全面提供 N95 口罩，严格进行体温测量、规范的安全培训。日常环境还需要每两个小时一次的消毒覆盖。

(3)统一战斗。全体管理干部和党员由人力资源部统一安排去支援一线，从董事长，到各部门总监，到后台的职能部门都需要参与一线员工统一的排班。

(4)在第一时间为抗疫情时期坚守岗位的员工发放感谢信和慰问金以感谢员工的付出。

对于遵守国家和公司政策进行远程居家办公、减少外出机会的员工，也要进行感谢和支持，因为他们降低了社会交叉感染的风险。这可以让员工感觉到每一个人的命运也是息息相关的，大家在共同努力抗击疫情。

35. 如何提升远程居家办公效率？

(1)线下交流

将远程办公和现场集中办公相结合，除日常例行的每天仪式性的早晚会机制外，也要形成强制定期的线下交流沟通机制，建议每月1~2次。

(2)办公场所

办公场所尽量选在书房而不是卧室，书房需要整洁、明亮，如同公司的办公室一样布置。

(3)工作闭环

部门负责人，或者项目团队负责人，必须在次日上班的第一时间对前日的部门工作给予点评，并给出当日部门工作的重点和要点说明。员工在下班前完成当日工作总结和明日工作计划，并提交给相关人员。

(4)家庭因素

与家庭其他成员做好沟通、达成共识，约定好家庭事务处理的原则，尽力营造一个相对独立的工作空间，以保障工作的品质与进度，营造工作仪式感。

(5)早晚会机制

居家办公需要把控好开会频率，考虑是否设置早晚会机制。设置早晚会机制有利于管理者，规范员工上班时间，把控项目进度。早会布置任务，明确要点；晚会复盘当天工作，规划次日目标。

36. 如何推动远程办公常态化？

(1)将远程办公和现场集中办公相结合。除日常例行的每天仪式性的早晚会机制外，也要形成强制定期的线下交流沟通机制，建议每月 1~2 次，对于重要的工作或难度较大的工作，可加大现场沟通的频次；如果在推行过程中，发现工作进度或品质有较大程度下降，则需要及时召回调整优化。

(2)在员工管理方面，管理者的领导风格需要做适度调整，既要对员工给予充分的信任，信任他的能力，也相信他能够处理好居家期间的工作管理，同时又需要提供必要的指导与干预，特别是信息的支持与团队的协同支持。

(3)在办公场所，因为人员安排的原因，事务性的工作有专人处理，而居家办公者，事无巨细都要自己亲自处理，为提升远程办公者效率，人力资源或行政服务部门应对工作进行分析，将事务性工作尽量集中专业化操作，让远程办公者专注于有价值的工作。

(4)无论实施远程办公与否，业绩与工作目标的达成终究是最重要的衡量指标，但工作业绩与结果往往反映的是短期或当前的绩效水平，要达到未来的绩效要求，往往又需要从业者在理念心态与行为技能方面进行提升，这也就要求在业绩达标的要求下，也要适度注重关键过程与行为的监控与修正。

第三章　远程居家办公工具应用

响应疫情防控政策要求，许多组织自 2020 年开始开展远程居家办公，这推动了远程办公软件的迅速发展，市场上出现了一大批以云办公软件、远程视频会议、云办公任务管理、云办公 CRM、云办公即时通讯为主要方向的办公软件，方便了远程办公时员工间的信息互通与交流，提升了工作效率。

37. 目前有哪些受到认可的主流办公工具？

根据工具的使用场景和使用方式的不同，目前主流的办公工具可以分为 6 类：

(1)Office 工具：Word、Excel、PowerPoint 等。

(2)在线协作文档工具：石墨文档、腾讯文档、金山文档。

(3)在线视频会议工具：钉钉、腾讯会议、zoom、企业微信、小鱼易连、UMEET、华为云 welink、飞书、Teams、Skype。

(4)文件管理工具：坚果云、腾讯微云。

(5)白板工具：比幕鱼、Xmind。

(6)零碎资料整理工具：有道云笔记、印象笔记、幕布。

具体远程办公工具及其特点见表 3.1。

表 3.1　　远程居家办公工具一览表

类别	办公工具	特　点
在线协作文档工具	石墨文档	1. 文档共享与成员管理。支持设置多个管理员，轻松管理企业文档共享成员，入职快速，离职安全。 2. 内外协作自由切换。支持一键分享，并能随时随地邀请同事加入文档进行协作；企业成员可以对外分享文件，邀请企业外部成员参与文档协作。 3. 文件的所有权归属企业，如果员工离职，也可以确保企业商业机密的安全性。

续表

类别	办公工具	特　点
在线协作文档工具	腾讯文档	1. 支持多人随时随地在线编辑；编辑文档时内容实时云端保存，离线也可编辑，网络恢复后自动同步云端；支持信息收集、打卡签到、考勤、会议纪要、日报、项目管理等各类模板。 2. 支持QQ/TIM/微信直接登录，无需单独注册；QQ/TIM内查看过的在线文档信息，自动实时同步至腾讯文档。 3. 权限控制：可自主设置查看及编辑权限，文档安全尽在掌控。 4. 技术保障：云端存储加密技术为文档安全保驾护航。 5. 版权保护：文档支持设置和展示水印，版权有保障。 6. 二次密码：若已设置二次密码，当账号重新登录时，需要二次密码验证。
	金山文档	1. 生成文档链接后，其他人即可通过链接实时查看或编辑；所有协同文档和沟通的历史版本都可恢复。 2. 支持多格式兼容。直接编辑Office文件不需要转换格式流程，内容确保不会丢失；与WPS Office电脑版、WPS手机版无缝整合，随时切换。 3. 支持多平台使用。无需下载，通过浏览器即可创作和编辑文件；电脑、手机皆可使用，支持Windows、Mac、Android、iOS、网页和微信小程序等各个平台；一个账号即可在多个平台上管理文档。 4. 可以智能识别文件来源，可管理多台设备上打开的文件。
在线视频会议工具	钉钉	1. 通讯录功能强大，较为系统化，且可容纳最多302人同时在线会议，适合大型企业开会。 2. 手机和电脑都可以共享屏幕和文件，电脑上还可以开启免打扰模式，在共享的同时保护个人隐私不被泄露。 3. 仅主持人可在PC端发起录制，权限可控，保存本地；所有参会人员可开启美颜功能，以更好的形象参会。 4. 使用全员静音/移除参会人/锁定会议/全员看TA等会议管理功能，确保会议全程有序进行，安全可控。
	腾讯会议	操作简单，全平台一键接入，最多容纳300人在线会议，适合组织较散的临时会议。
	Zoom	最多容纳25人在线会议，适合小组会议，且视频高清耗流量少。
	企业微信	与微信聊天完美融合，且可以用企业微信加客户好友，生活与工作分开。

续表

类别	办公工具	特　点
在线视频会议工具	小鱼易连	具备开放有效的业务融合能力，能够满足政务、公检法司、教育、保险、银行、医疗等行业的云视频业务需要。小鱼易连采用SVC柔性编解码技术，拥有云计算和音视频的核心自主知识产权，具有三大技术优势：全面云部署方案可灵活满足视频应用部署需求；超融合音视频中台赋能全行业创新；自主研发打造“架构性”安全体系。
	UMEET	以客户流程为中心，它打破传统会议模式，将分割的会议场景打通，实现融合会议，提供智能会议场景，与企业各种第三方系统进行对接，把会议流程与业务流程相结合，使得会议过程降低人力投入。
	华为云Welink	华为云WeLink可以实现AnyTime、AnyWhere、AnyDevice、AnyBody的全场景智能办公。通过AI工作助手小微，一句话即可直达找人、找邮件、预定差旅、报销费用、充值卡包等百种服务。WeLink带来真正的智能会议室，多种终端自由实现多种投屏方式；会议纪要自动转文字，扫码发送纪要到邮箱；支持消息、文档、邮件等多种内容翻译成七种语言，更支持一键从邮件转群聊。
	飞书	1. 降噪沟通：拒绝被无关消息刷屏。 2. 音视频会议。 3. 线上办公室：轻量无压力语音沟通，可在任意群聊中快速发起。 4. 云文档：实时协作和知识管理利器；可多人实时协同编辑的在线文档；支持强大数据统计的在线表格；便捷管理知识资源的企业云盘。 5. 智能日历：高效组织团队会议。 6. 智能机器人：高效任务管理小助手、智能小助手降低重复性工作。 7. 工作台：开放兼容的应用集成平台。
	Microsoft Teams	Microsoft Teams是微软一款基于聊天的智能团队协作工具，可以同步进行文档共享，并为成员提供包括语音、视频会议在内的即时通讯工具。 1. 提供完整的联机会议解决方案，是一个强大的团队工作中心。将聊天、会议、呼叫、文件和应用整合到一个统一的共享工作区中。 2. 允许用户进行即时的信息沟通和文件分享。用户可以根据需要创立频道，比如创立设计团队专用频道。 3. 与微软的Office 365服务以及OneDrive等应用联系紧密，集成了众多Office应用。在该应用内用户可以新建Word文档，使用Skype进行商务会谈或者直接分享来自OneDrive的文件。 4. 发帖功能，用户可以发帖回帖，同时可以@同事在某一楼层进行讨论。此外，该应用还允许用户直接进行视频通话。
	Skype	Skype是一款即时通讯软件，具备视频聊天、多人语音会议、多人聊天、传送文件、文字聊天等功能。 1. 实现高清晰地与其他用户语音对话；可以拨打国内国际电话；可以实现呼叫转移、短信发送等功能。 2. Skype之间的语音视频通话免费；支持25方语音通话和10万多人视频通话。Skype for手机版/桌面版支持视频通话，允许用户进行跨平台的视频呼叫。

续表

类别	办公工具	特　点
文件管理工具	坚果云	1. 文件自动同步。用户可以在多个设备(电脑、手机、平板电脑)随时随地访问文件，只需在每个设备上安装坚果云客户端并登录同一账号，指定需要同步的文件夹，坚果云会自动将指定文件夹同步到云端和所有设备中，在任何设备中创建、修改文件也会实时同步到其他设备。如果编辑文件的设备处于离线状态，或其他设备处于关机或离线状态，在连接网络后会自动将文件同步到最新状态。 2. 智能增量同步。当用户修改文件时，在同步时只上传文件中修改过的部分，并不把整个文件全部重新上传，有效节约文件同步的时间。
	腾讯微云	文件收集功能可向任何人收集文件，对方无需登录，收集到的文件仅发起人可见。
白板工具	比幕鱼	自由排版，不受限制。 对于个人，这是一块私人白板，让你可以根据自己的需要，整理、排列、组合自己的想法，梳理创意。 对于团队，这是一个在线的团队白板，通过鼠标和操作实时同步，模拟面对面讨论的直观体验，在异地的情况下也可以有效进行创意讨论。
	Xmind	文件可以导出多种格式，方便传输与分享。
零碎资料整理工具	有道云笔记	“三备份”技术，可以有效保障用户数据的安全性和稳定性。
	印象笔记	1. 保持同步，印象笔记支持所有的主流平台系统，一处编辑，全平台之间可以同步。同时，印象笔记支持 web 版和移动网页版，只要能上网的设备均可以在浏览器中打开进行操作。 2. 可以搜索到图片内的印刷体中文和英文以及手写英文。 3. 剪辑网页，用网页剪辑插件保存完整的网页到印象笔记账户里。文字、图片和链接全都可以保存下来，还可以添加高亮、箭头等标注。支持 Google Chrome、Safari、IE 7+，Firefox 和 Opera 等主流浏览器。
	幕布	能将笔记一键生成思维导图，将笔记结构化。

38. 如何获取这些远程办公工具？

获取途径见表 3.2。

工具类别	工具名称	Android 端	IOS 端
Office 工具	Word、Excel、PowerPoint		登录 App Store 下载

续表

工具类别	工具名称	Android 端	IOS 端
在线协作文档工具	石墨文档		
	金山文档		
	腾讯文档		
在线视频会议工具	钉钉		
	腾讯会议		
	zoom		
	企业微信		
	飞书		
	Teams	在手机应用市场搜索“Teams”	在 Apple Store 中搜索

续表

工具类别	工具名称	Android 端	IOS 端
	Skype	在手机应用市场搜索“Skype”	在 Apple Store 中搜索
文件管理工具	坚果云		在 App Store 下载
	腾讯微云		
白板工具	比目鱼	登录 www. bimuyu. tech 网站	www. bimuyu. tech
	Xmind		在 App Store 下载
零碎资料整理工具	有道云笔记		
	印象笔记		
	幕布		

39. 远程办公工具的使用有哪些注意事项？

(1)Office 工具：该工具功能强大，但操作界面繁琐复杂，需要使用者提前了解，可以网上查询如何操作。

(2)在线协作文档工具：均有会员收费功能，请根据需要进行选择。

(3)在线视频会议工具：在使用中需要开启麦克风和摄像头权限，在会议中尽量关闭自己的麦克风，以免杂音太多影响会议效率，需要交流讨论时再打开。

(4)文件管理工具：存储空间有限，请选择重要文件进行管理与保存，如有需要，可以开通会员获得更大的空间保存文件。

(5)白板工具：可以和零碎资料整理工具结合使用，将零碎资料进行排版构建框架格式，更便于浏览。

(6)零碎资料整理工具：使用时可以及时分类，便于日后更好地整理。

40. 如何向办公工具的开发商寻求帮助？

(1)Office 工具

如在 WPS 操作遇到问题，可以进入 WPS 客服服务进行一对一问题咨询。

(2)在线协作文档工具

①石墨文档：可以访问石墨文档帮助中心(shimo. im/help)，在 App 内点击“头像-意见反馈”输入您的问题，或发邮件至 support@ shimo. im。也可以关注微信公众号——石墨文档以及官方微博@ 石墨文档来进行求助。

②腾讯文档：

电脑端：进入有问题的文档，点击界面右上角的“更多操作”——“吐个槽”；进入后，在页面右侧点击“我要反馈”，即可提交反馈。具体操作见截图，如图 3. 1 所示。

手机端：进入文档列表，点击界面左上角的头像→点击头像管理界面右上角的“设置”按钮，选择“吐个槽”→选择“我来说一下”，即可提交反馈。具体操作见截图，如图 3. 2 所示。

分享
新建
导入本地文件
导出为
生成副本
保存为模板
修订记录
浏览记录
转让文档所有权
帮助与反馈
帮助中心
吐个槽
举报
关于腾讯文档

腾讯文档
首页
常见问题
期待你的声音
offer your great opinion
常见问题
全部
我的Excel内容丢失了，怎么办?
导出后的文件使用Office2013无法打开...
腾讯文档在web端设置分享权限时，可...
文件夹功能该如何使用?
导出文档后，用Office Excel打开时，...
腾讯文档如何接入企业微信?
腾讯文档支持设置目录吗?
腾讯文档可以导入加密文档吗?
0
0
0
回答
提问
说两句

图 3.1

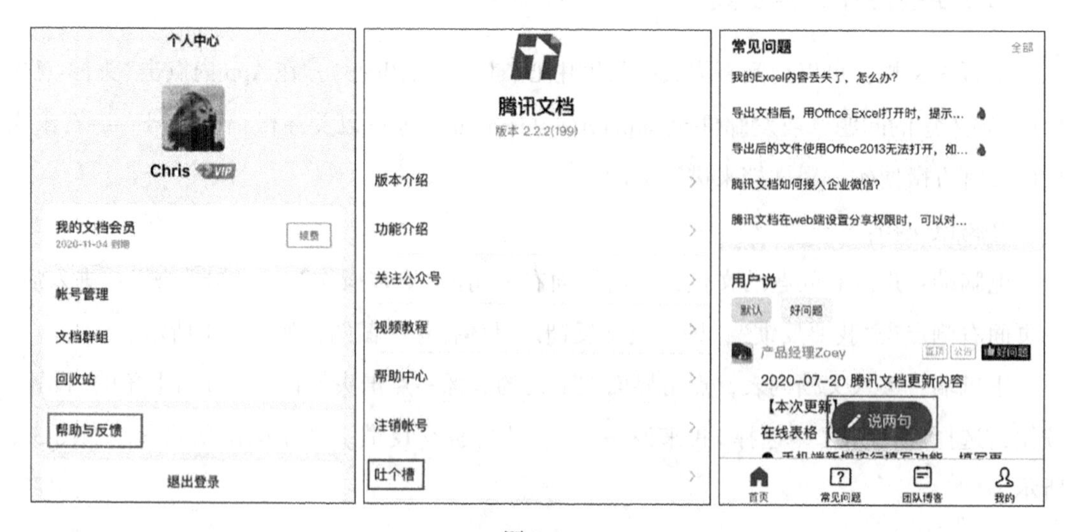
个人中心
Chris
VIP
我的文档会员
2020-11-04 到期
帐号管理
文档群组
回收站
帮助与反馈
退出登录
腾讯文档
版本 2.2.2(199)
版本介绍
功能介绍
关注公众号
视频教程
帮助中心
注销帐号
吐个槽
常见问题
全部
我的Excel内容丢失了，怎么办?
导出文档后，用Office Excel打开时，提示...
导出后的文件使用Office2013无法打开，如...
腾讯文档如何接入企业微信?
腾讯文档在web端设置分享权限时，可以对...
用户说
默认
好问题
产品经理Zoey
2020-07-20 腾讯文档更新内容
【本次更新】
在线表格
说两句
首页
常见问题
团队博客
我的

图 3.2

③金山文档：进入文档，点击界面右下角的“我”，点击“帮助与反馈”，选择“意见反馈”→“产品建议”或“我要吐槽”即可提交问题。

(3)在线视频会议工具

①钉钉：点击打开“钉钉客户端”，输入账号和密码进入个人中心，选择“我的客服”，在显示列表里面选择“在线客服”，选择自己遇到的问题进行咨询，选择“钉小蜜”输入自己遇到的问题，可以实时提供解决方法，然后选择一下问题发生的时间，点击“时间列表”进行选择，更详细地描述出现的问题，点击“添加图片”上传问题图片，下方可以输入联系人电话，最后点击“提交”即可。

②腾讯会议：进入腾讯会议后加入一个已预订会议或快速会议，进入会议界面点击右下角的“设置”，进入设置面板后选择“关于我们”，点击“意见反馈”即可与客服联系进行问题求助。

③zoom：进入 zoom 服务中心(http://www.zooms.com.cn/)，在网站的右上角有一个搜索框，可以在此处输入您的问题主要关键词快速在本站搜索。或者关注同道 Zoom 云会议服务中心公众号进行问题咨询。

④企业微信：进入企业微信 APP 后点击界面右下方的“我”，选择“设置”，点击“吐个槽”，点击“说两句”，编辑内容后提交即可。

(4)文件管理工具

①坚果云：登录坚果云帮助中心(http://help.jianguoyun.com/)点击常见问题解答，如果没有查询到自己想要了解的问题，可以关注坚果云公众号咨询人工客服的解答。

②腾讯微云：打开腾讯微云后点击界面右下方的“我”→“设置”→“安全与隐私”→“我来说一下”，输入想要反馈的内容即可。

(5)白板工具

①比幕鱼：在比幕鱼页面右上角点击小对话框“建议反馈”，选择“说两句”编辑遇到的问题即可。

②Xmind：进入 Xmind 问题网站(https://www.xmind.cn/faq/)，可以先在常见问题中查找，如没有想要查找的内容可以在搜索框中输入关键词来查找。

(6)零碎资料整理工具

①有道云笔记：进入有道云笔记后点击界面中“我的”，选择右上角的“设置”，滑动

到界面最下方点击“意见反馈”，选择自己遇到的问题“咨询”“反馈”或“其他”，而后填写自己所遇到的问题即可。

②印象笔记：进入印象笔记帮助中心网站（https：//www. yinxiang. com/help/?），在搜索框输入关键词搜索即可。

③幕布：打开幕布后点击头像，点击“应用设置”，点击“留言反馈”输入问题发送即可。

41. 远程办公中哪些因素会导致效率降低?

(1)线上会议时网络卡顿导致会议参与度不完整

解决方法：可使用钉钉的会议录制功能，会议结束后可以自行观看回放，这样不会错过会议中的重要内容。

(2)与小组人员线上处理业务时沟通不畅、程序繁琐

解决方法：可使用腾讯会议、zoom、企业微信等应用一键发起临时会议，方便又快捷；同时可采用石墨文档、腾讯文档、金山文档等应用，让成员同时编辑文档，省时又省力。

(3)远程办公线上文件太多，杂乱无序且易丢失

解决方法：可使用坚果云、腾讯微云等应用分类管理文件，有序且高效。

(4)远程办公的周边环境不固定，没有合适的工具来记录工作事项和设计灵感

解决方法：可使用有道云笔记、印象笔记等软件随时记录，记录后内容会自动同步保存到云盘；印象笔记还可剪辑网页，并且能够识别图片内的印刷体、中文和英文以及手写英文，方便又快捷；幕布则可以将笔记分层分级，更加结构化。

(5)远程办公笔记太零散，结构不够清晰

解决方法：可使用比幕鱼和 xmind 白板工具绘制更清晰的流程图和思维导图，且 xmind 的文件可以导出多种格式，方便传输与分享。

第四章　远程居家办公劳动保护

案例：【远程招聘有风险】

新冠肺炎疫情期间，不少用人单位无法开展线下面试，只能通过社交平台、招聘软件等方式开展线上招聘。由于缺少规范的远程招聘模式，用人单位和求职者都面临着不同的风险。2020年3月，D公司通过网络招聘一名公众号运营负责人，应聘者小王的履历中写有3段知名公众号的运营经验，他丰富的履历吸引了HR。通过简历筛选、2轮电话面试后，小王最终被录用，工作形式为远程办公。但一个月后，公司发现小王的公众号运营能力不尽如人意，并没有为公司增加流量和曝光率，经过询问，才发现小王在知名公众号的运营经历为编造。最终，公司以欺诈为由与小王解除了劳动合同。

42. 远程居家办公期间，公司和员工应如何规避招聘风险？

传统招聘模式下，HR需要与候选人进行面对面沟通交流来考察其个人特质、知识技能、文化价值观等。远程办公使公司的管理、招聘流程均在线上进行，增加了招聘中的风险。

视频简历(visume)是适应远程办公趋势的新兴产物，对企业来说，视频简历降低了求职者欺诈的可能。不同于纸质简历(resume)，视频简历可以通过画面和声音的呈现，生动形象地突出求职者自身的性格特点和个人经历，凸显个性，拉近HR与候选人的心理距离。目前，Tiktok与Linkedin(领英)均推出了视频简历制作功能，受到许多远程办公用户的青睐。此外，视频简历具备应聘者的画面、声音素材，真实性高，降低了二次修改的可能，在出现学历欺诈、就业歧视等纠纷时企业和劳动者双方均可将其作为劳动仲裁的有利证据。

重视线上面试过程中的录音、录像保存。疫情期间，线上面试十分普及，不少用人单位通过腾讯会议、zoom等App视频面试。但需要注意，这些软件往往具有录音功能，面试过程的录音可以作为仲裁和庭审的合法证据。HR面试过程中需要规避个人隐私、就业歧视等敏感问题，候选人也不可为美化自己而编造个人经历。

公司可以通过电子邮件、电子合同等形式与员工签署《求职申请表》并备份；员工也要将公司的招聘信息与offer通知进行截图保存。

43. 远程居家办公期间如何安全有效地签订劳动合同？

疫情期间，许多公司都采取云签署电子劳动合同。首先需要注意，纸质劳动合同的扫描件或照片不等于电子劳动合同，电子劳动合同有其法定形式。

用人单位与劳动者协商一致，可以采用电子形式订立书面劳动合同。但必须遵守以下几点：

（1）使用符合《中华人民共和国电子签名法》等法律法规规定的可视为书面形式的数据电文和可靠的电子签名。

（2）用人单位应保证电子劳动合同的生成、传递、储存等满足电子签名法等法律法规规定的要求，确保其完整、准确、不被篡改。符合劳动合同法规定和上述要求的电子劳动合同一经订立即具有法律效力，用人单位与劳动者应当按照电子劳动合同的约定，全面履行各自的义务。

因此，选择电子劳动合同系统时，要保障电子劳动合同签署的安全性与合规性，选择安全、可靠、能被国内司法实践所认可的平台（法大大、e签宝、上上签等），通过人脸识别、声音验证等方式确保劳动者身份的真实性。

劳资双方均应该妥善保存电子劳动合同并按时进行续签。用人单位应该注意电子劳动合同的管理问题，在合同储存、系统维护、信息保密等方面加强系统建设。

案例：【消失的社保与住房公积金】

王东于2018年3月入职某服装品牌公司担任设计师，双方签订为期两年的劳动合同，按当地政策标准缴纳社保和住房公积金。2020年初，休完年假的王东受疫情影响，无法返回公司上班，向公司申请进行远程办公，公司正常支付工资和社保。2020年3月，双方劳动合同到期，但王东仍正常为公司提供劳动。2020年6月，王东发现自己的社保、公积金均停止缴纳，且被公司告知：劳动合同到期后双方已不存在劳动关系，王东未到达公司上班，公司只需按照劳务成果向王东支付报酬，无需缴纳社保和公积金。但王东认为，自己每周为公司工作超过40小时，参加公司例会、接受公司的管理，应该享受社保待遇。

44. 远程用工模式下的劳动关系认定需要具备哪些条件?

如果居家办公的劳动者符合我国劳动法规定的主体资格，且劳动者工作日内持续接受公司管理、按时按量完成公司任务、为公司创造收益，双方之间便形成了事实劳动关系，应当签订劳动合同。

一般来说，劳动关系认定需满足两个要件：①主体适格，用人单位、劳动者符合法律规定要求；②劳动者对公司具有人身、经济、组织上的从属性。在实践中，居家办公因其劳动外观模糊而易产生劳动纠纷，例如实行远程办公的图书编辑、设计师等职业，脱离办公场景使劳动者的人身从属性、组织从属性减弱。因此，疫情期间一些企业将居家办公的员工视为“灵活用工”，以“双方属于劳务关系”为由不为其缴纳社保，并以“产品不合格”为由拒付劳动报酬。这种做法存在法律的风险。此外，对于因为疫情等特殊原因实行远程办公的员工，公司不得随意更改与劳动者的劳动合同。

在判定远程办公员工劳动关系的案例中，公司负主要举证责任，若员工的确作为“灵活用工人员”，公司应当出具劳务合同等书面证据或录音等电子证据；而且，在没有证据证明劳动者未提供劳动成果的情况下，用人单位不得拖欠工资。

因此，用人单位应当向居家办公的劳动者提供工作证明，按时签订劳动合同、缴纳社保以规避法律风险、避免支付赔偿金；劳动者也要注意留存考勤记录、工作证明等，维护自己的合法权益。

45. 由线下办公转换为远程居家办公，是否视为“劳动合同中约定的工作地点变更”?

(1)若企业因组织变革、公司重组等组织层面的原因无法进行线下办公并决定长期实行远程居家办公，应与劳动者协商一致，进行书面劳动合同变更。这种情况下，应视为公司工作方式的巨大变更，也包括了工作地点变更。《中华人民共和国劳动法》规定，用人单位与劳动者协商一致，可以变更劳动合同约定的内容。变更劳动合同，应当采用书面形式。

(2)若由于疫情防控原因、公共政策或由于劳动者个人因素(如照顾生病家人、女职工怀孕)需要进行一定期间内的线上办公的，并不用进行劳动合同变更。在这种情形下，远程居家办公其实是公司对社会政策的响应、对员工生命健康权的保护，也是出于公司正常运营的考虑，属于公司自主经营权范畴，但必须与劳动者协商一致，不得强迫。

46. 如何处理线上试用期的缩短或延长问题？

试用期系用人单位和员工各自对对方的考察和适应期，在试用期内，劳动者与用人单位解除合同更为灵活；企业使用试用期员工的成本远远低于正式员工。试用期是对员工的信任度、工作能力、业务或专业水平的了解过程。《中华人民共和国劳动合同法》对试用期的期限和约定次数做出了明确规定：用人单位与同一劳动者只能约定一次试用期，且不得超过法定上限。

试用期变更需要满足三个要素：①在试用期到期前提出缩短或延长的要求；②延长后的试用期不得超过法定上限；③缩短或延长试用期需经用人单位及员工协商一致。即便在疫情期间，企业认为"居家办公"无法充分考核试用期员工的工作能力，而提出延长试用期要求的，亦需要符合上述原则。居家办公对企业评估员工能力与绩效考核带来了挑战，企业需要制定合适的规章制度与录用条件，尽量减少过程性绩效指标，以结果为导向。加强企业信息化建设，对于"不符合录用条件"的员工需要拿出合理证据。

47. 如何清晰、公正地认定远程办公的劳动量与劳动时间？

远程办公模式下，用人单位通常难以对劳动者的工作进行有效的现场监督，工作时间与非工作时间界限模糊。在此情形下，某一劳动者在某段工作时间是否在岗，是否正常提供了劳动，用人单位亦难以进行准确的判断。

一般来说，实行远程办公的劳动者多实行标准工时制和不定时工作制，而实行标准工时制的员工是公司的主要监控对象。

用人单位对劳动者进行线上考勤的目的是希望劳动者可以在正常的工作时间内提供正常的劳动。简单而言，就是在正常工作时间内完成合理的工作任务。这实质上类似劳动法中的计件工资制度，即劳动者需要在正常时间内完成合理的劳动定额方可获得基本工资。以下方式可以有效考察员工的工作时间：

(1)用人单位可以增加每日考勤次数，将上下班考勤转变为定时考勤。

(2)其次，应用 OKR 绩效管理方式。确定远程办公期间劳动者阶段性的工作任务或目标，并与劳动者进行确认；之后，对阶段性的任务或目标进行分解，具体和细化到每周、每日的工作目标和任务(细化劳动者的劳动定额至每周、每日)。

(3)要求劳动者提交日工作报表、工作任务进展表。

(4)通过在线会议、电子邮件询问工作进度。注意保留劳动者是否正常提供劳动的有关证据。对于多次未完成工作任务的员工，可以根据规章制度对其进行处罚或辞退。

(5)保留证明劳动者工时的资料。劳动者的线上考勤记录、工作电子邮件、系统信息、电话短信、微信、线上会议的音视频等均可作为证据。劳动者与用人单位均应注意保留工作过程中的有效信息，以证明劳动时间。对于多次未完成工作任务的员工，可以根据规章制度对其进行处罚或辞退。

案例【“不被认可”的居家劳动模范】

2020 年初，设计师晓东受疫情影响，在家远程办公，按照项目要求向公司提供设计图纸。虽然是居家办公，但为了赶订单，晓东依然需要熬夜加班。2020 年 5 月，晓东熬夜加班后起身上厕所，突然双腿无力，摔倒并造成骨折，遂向公司申请工伤。但公司认为晓东摔倒的时间是凌晨 1 点，不属于工作时间范围；且没有证据证明晓东当时在工作，所以驳回了工伤请求。晓东不服，遂提起上诉。

48. 居家办公超时工作能否算加班？应该怎么计算加班时长？

首先要明确，只有采用标准工时制和综合计算工时制的岗位存在加班费，不定时工作制下的员工无法主张加班费，而居家办公的岗位基本不会采用综合计算工时制。

《国务院关于职工工作时间的规定》第 3 条规定，劳动者每日工作 8 小时、每周工作时间 40 小时。因此，公司应当完善居家办公的加班申请制度，借助先进的员工管理系统，引入“工作时间计量模型”，对线上办公时间进行管理。员工申请加班的，需要提交加班打卡截图、加班内容与证明材料，由领导进行审批。符合加班情形的，应当依法支付加班工资。

但如员工因自身原因，如工作自律性、家庭事务影响等，自愿将工作安排在非工作时间完成的，则不应视为加班。

根据法律规定，劳动者主张加班费的，应当就加班事实的存在承担举证责任。但劳动者有证据证明用人单位掌握加班事实存在的证据，用人单位不提供的，由用人单位承担不利后果。员工要保留相关证据，例如短信通知、邮件通知、聊天记录等。

对于居家办公期间无法实行标准工时制的岗位来说，公司可以向劳动行政部门申请，采取特殊工时工作制。经过审批后可以不按标准工时制的标准支付加班费。

49. 远程居家办公期间，公司应当支付正常工资和福利吗?

员工居家办公期间提供了正常劳动的，组织应当按照劳动合同标准支付工资。疫情期间，全国总工会要求企业按照正常工作期间的工资收入支付灵活上班员工的工资。对受疫情影响延迟复工或未返岗期间，用完各类休假仍不能提供正常劳动或其他不能提供正常劳动的职工，主动指导企业工会或职工代表与企业开展协商，参照国家关于停工、停产期间工资支付相关规定支付工资、发放生活费。

员工薪酬不仅包括基本工资，还包括绩效奖金、员工福利及各项补贴(如交通补贴、餐费补贴)。远程办公情形下，组织可以对薪酬结构进行调整。由于居家办公为员工节省了通勤时间和费用，组织可以取消交通补贴、降低餐费补贴；由于公司销售额下降、业务缩水，可以适当降低绩效奖金。但公司应补贴员工居家办公所产生的办公用品费用(办公耗材等)。在特殊情况下，公司与员工协商一致进行降薪，法律层面是允许的。但这种协商需要员工自愿签字确认，公司单方面强制降薪的行为是违法的。

50. 员工在远程居家办公期间受伤，如何认定工伤?

根据我国《工伤保险条例》第十四条、十五条、十六条立法，工伤事故应当发生在工作时间、工作地点、工作任务的“三工”场景内；视同工伤的条款是对“三工”场景的扩大解释，但并未突破“三工”场景的要求。若企业要求员工在家办公，则员工家庭住所可以视为法律意义上的“工作场所”；但由于居家办公的工作时间与非工作时间界限模糊，员工在申请工伤救济时难以举证“疾病和伤害发生在工作时间”。

对于工作时间的证明，可以适用举证责任倒置并采用无过错责任原则，即用人单位承担工作时间的证明责任；用人单位无法证明事故发生时劳动者处于非工作时间的，可以认定为劳动者在事故发生时处于工作时间。但是，职工因下列情形之一导致本人在工作中伤亡的，不认定为工伤：(1)故意犯罪；(2)醉酒或者吸毒；(3)自残或者自杀；(4)法律、行政法规规定的其他情形。

实践中对于居家办公的工伤认定标准不一，但都围绕“工作时间、工作地点、工作原因”展开认定，组织在管理远程工作者的过程中都应注意保留证据。

51. 员工居家办公期间患上新冠肺炎，可否认定为工伤？

现行规定表明，只有医护及相关工作人员因履行工作职责，感染新型冠状病毒性肺炎或因感染新型冠状病毒性肺炎死亡的，应认定为工伤，依法享受工伤保险待遇。如果居家办公的工作人员不属于医护及相关工作人员，那么将不会被认定为工伤。

我国工伤认定体系严格区分“伤”与“病”的界限，新冠肺炎显然属于“病”的范畴。根据现行法律规定，员工在罹患职业病或在工作时间、工作岗位突发疾病死亡或在48小时内经抢救无效死亡的方有可能认定为工伤，而新冠肺炎暂不属于职业病范畴，且基本不存在“突发性死亡”。虽然认定工伤困难较大，但员工感染新冠肺炎且已缴纳医疗保险的，可以依法享受医疗期待遇。

52. 员工因疑似患者被隔离期间是否应该发放工资？

(1)隔离期间的工资发放：根据《人力资源社会保障部办公厅关于妥善处理新型冠状病毒感染的肺炎疫情防控期间劳动关系问题的通知》第1条，对新型冠状病毒感染的肺炎患者、疑似病人、密切接触者在其隔离治疗期间或医学观察期间以及因政府实施隔离措施或采取其他紧急措施导致不能提供正常劳动的企业职工，企业应当支付职工在此期间的工作报酬。

(2)员工确诊新冠肺炎期间的工资发放：根据《关于贯彻执行〈中华人民共和国劳动法〉若干问题的意见》第59条、《用人单位职工患病或非因工负伤医疗期规定》第2、第3、第4、第5条以及《北京市工资支付规定》第21条的规定，被确诊为新型冠状病毒性肺炎的员工，在其患病治疗期间，应依法享受相应的医疗期待遇。

53. 如何处理孕期和哺乳期女职工远程居家办公的问题？

出于保护女性劳动者权益的目的，《中华人民共和国劳动法》对孕产期女性的工作时间和休息休假进行了严格规定：①不得安排女职工在怀孕期间从事国家规定的第三级体力劳动强度的劳动和孕期禁忌从事的劳动。对怀孕7个月以上的女职工，不得安排其延长工作时间和夜班劳动。②女职工生育享受不少于90天的产假。③不得安排女职工在哺乳未满1周岁的婴儿期间从事国家规定的第三级体力劳动强度的劳动和哺乳期禁忌从事的其他劳动，不得安排其延长工作时间和夜班劳动。《女职工劳动保护特别规定》中要求对于哺乳未满1周岁婴儿的女职工，用人单位不得延长劳动时间或者安排夜班劳动。用人单位应当在每天的劳动时间内为哺乳期女职工安排1小时哺乳时间；女职工生育多胞胎的，每多哺乳1个婴儿每天增加1小时哺乳时间。

因此，在远程居家办公期间，公司应该合理安排三期女职工的工作量，其工作时间不应超过法律规定；保证孕产期职工享受完整的休假时间，依法发放劳动报酬。在公司的用人自主权方面，除非出现“严重违纪”的现象，否则公司不可能辞退三期女员工。因此，单位应当探索远程办公情境下的规章制度和绩效考核方式，有效管理员工。远程居家办公使员工在完成工作内容的同时也可以更好地照顾家庭，在一定程度上缓解了职场中的性别歧视。

54. 如何解决远程居家办公时的员工离职问题？

员工主动离职分为两种情况：①用人单位无过错情况下的协商、通知离职。②因单位过错，劳动者单方解除劳动合同。

第一种情况下，根据《劳动法》第36、第37条规定：劳动者与用人单位协商一致可以解除劳动合同；试用期员工提前3日通知用人单位、正式员工提前30日以书面形式通知用人单位可以解除劳动合同，远程办公员工也适用上述规定。该情况下，处理员工离职需要履行两个程序：

(1)通知与沟通程序。员工提前在线上系统向公司提出离职申请，与公司沟通后续事宜，公司及时进行离职审批。

(2)交接程序。钉钉、捷效办公等平台都支持线上离职，员工应在线上做好工作交接，公司监督员工交接工作资料、完成离职流程，工作电脑等相关物品可以邮寄回公司。公司需要为员工结算薪资、缴纳社保，出具《解除劳动合同通知书》和离职证明。

第二种情况下，远程办公的员工无需提前一段时间通知公司离职。但为了避免法律风险，员工应通过电话或线上平台向公司说明单方解除合同的原因(如克扣劳动报酬、未缴纳社保等)，并保留相关证据。该种情形下，处理员工离职需要履行3个程序：

(1)员工即刻口头通知公司离职。公司及时进行答复。

(2)进行工作交接。公司结算薪资，线上出具离职证明。

(3)公司应依法向劳动者支付经济补偿金并及时改正错误。

综上所述，员工离职的手续与线下办公流程相似，但对线上管理平台和企业信息系统的依赖性大大增加，而线上平台和办公软件一定程度上加快了工作效率。

55. 远程办公情境下，用人单位不能随意辞退何种员工?

《中华人民共和国劳动合同法》第42条中说明了用人单位不得因非过失原因解除劳动合同的情形：

(1)从事接触职业病危害作业的劳动者未进行离岗前职业健康检查，或者疑似职业病病人在诊断或者医学观察期间的；

(2)在本单位患职业病或者因工负伤并被确认丧失或者部分丧失劳动能力的；

(3)患病或者非因工负伤，在规定的医疗期内的；

(4)女职工在孕期、产期、哺乳期的；

(5)在本单位连续工作满15年，且距法定退休年龄不足5年的；

(6)法律、行政法规规定的其他情形。

在疫情期间，出于对民生的保护，一些部门对第六款中的"其他情形"进行了扩大说明。企业因受疫情影响导致生产经营困难的，可以通过与职工协商一致采取调整薪酬、轮岗轮休、缩短工时等方式稳定工作岗位，尽量不裁员或者少裁员。

56. 居家办公模式下，什么情况下用人单位可以辞退员工?

用人单位辞退员工分为三种情况：

(1)因员工的过失辞退员工

包括：①在试用期间被证明不符合录用条件的；②严重违反用人单位的规章制度；③严重失职，营私舞弊，给用人单位造成重大损害的；④劳动者同时与其他用人单位建立劳动关系，对完成本单位的工作任务造成严重影响，或者经用人单位提出，拒不改正的；⑤以欺诈、胁迫的手段或者乘人之危，使对方在违背真实意思的情况下订立或者变更劳动合同致使劳动合同无效的；⑥被依法追究刑事责任的。该类情形下，用人单位可以即时与劳动者解除劳动关系，无需提前通知。但单位需要保留充足的证据，并且为员工结算工资。

(2)在无过失情形下辞退员工

包括：①劳动者患病或者非因工负伤，在规定的医疗期满后不能从事原工作，也不能从事由用人单位另行安排的工作的；②劳动者不能胜任工作，经过培训或者调整工作岗位，仍不能胜任工作的；③劳动合同订立时所依据的客观情况发生重大变化，致使劳动合同无法履行，经用人单位与劳动者协商，未能就变更劳动合同内容达成协议的。该类情形下，用人单位需要提前30日书面形式通知劳动者或额外支付1个月工资后方可解除劳动合同，且企业需要为员工结算工资，并按照工龄支付经济补偿金。

但也有部分企业为了缩减用人成本，恶意使用“过失性辞退”条款，侵害了劳动者权益。需注意，违法解除劳动合同同样需要付出经济成本，还会损害公司名誉。

(3)经济性裁员

包括：①依照企业破产法规定进行重整的；②生产经营发生严重困难的；③企业转产、重大技术革新或者经营方式调整，经变更劳动合同后，仍需裁减人员的；④其他因劳动合同订立时所依据的客观经济情况发生重大变化，致使劳动合同无法履行的。这些情境下，用人单位提前30日向工会或者全体职工说明情况，听取工会或者职工的意见后，裁减人员方案经向劳动行政部门报告，可以裁减人员。

57. 客观情况发生何种变化时，企业可以裁员?

受到疫情影响，许多企业出现了原料供应不足、因疫情管制员工无法到公司上班、资金链断裂等问题，使企业遭受重大打击，难以为继。因此，一些工厂依据“客观情况发生重大变化”进行经济性裁员且履行了法定程序，可以得到支持。

58. 远程居家办公资料如何保密?

我国信息保密制度的发展落后于线上办公的普及速度。首先，许多企业没有完善的线上平台，只能通过钉钉、微信等沟通平台进行信息传递与资料交接，易造成公司安全信息和机密泄露。其次，一些中小型公司的信息安全和保密意识不强，技术信息(未公开的产品和服务、生产工艺和生产流程、产品设计图等)和经营信息(组织架构、客户情报、财务资料、促销计划等)未得到保护。第三，许多企业没有建立信息安全保密制度和奖罚措施，只是在劳动合同中附加“保密条款”，无法有效保护企业信息安全。组织应从以下方面入手，实行信息安全管理：

(1)设备安全

①应确保自有设备安装了正版软件、安全防护软件，并及时更新；

②应确保自有设备采用了安全配置，例如，关闭共享文件、禁用不使用的账号等；

③应对下载的文件进行病毒查杀；

④不应使用公用设备进行远程办公；

⑤宜将自有设备在使用方登记。

(2)数据安全

①应采用指定的工具传输、存储、处理数据；

②宜减少从远程办公系统下载文件。

(3)环境安全

居家办公时：

①应使用路由器厂商提供的固件，并及时更新固件版本；

②宜在路由器中开启局域网防护等安全功能。

在公共场所办公时：

①在环境无法满足远程办公安全性要求时，应停止远程办公；

②不应在公共场所离开设备；

③不应使用不安全的网络，例如，无口令或公开口令的无线网络；

④宜防止设备屏幕被窥视，例如，使用防窥屏。

(4)安全意识

①应使用强口令，并定期更新；

②应防范人员身份仿冒带来的风险；

③应使用办公邮箱，避免使用个人邮箱；

④不使用远程办公系统时，应及时退出；

⑤不应访问来源不明的链接、文档等；

⑥不应将存储使用方敏感数据的设备接入公用网络；

⑦不应将设备、账号信息等提供给他人使用；

⑧宜使用办公系统使用方提供的移动存储设备。

(5)定期进行信息安全制度培训，确保员工知晓自身的保密义务；

(6)将保密条款写入企业规章制度；

(7)与员工签订“居家办公保密协议”；

(8)及时进行办公系统审计，发现信息泄露后即时查找泄露源头，进行处理。

59. 远程办公期间，企业如何为员工缴纳社保？

首先，企业应该依法为已签订劳动合同的劳动者缴纳社保。其中，养老、医疗和失业保险是由个人和企业分别缴纳，生育保险和工伤保险由企业负担。缴费比例依照各城市具体规定。

其次，针对未签劳动合同的远程工作者，可以个人身份缴纳养老保险和医疗保险。按照规定，灵活就业的人员以个人名义自愿参加基本医疗保险和基本养老保险，不纳入失业、工伤和生育保险的参加人群范围。缴纳方式如下：

第一，与人力资源公司签订劳动合同，由企业进行代缴。

第二，在户籍所在地缴纳。以个人身份缴纳的社会保险有几个注意点：①只能缴纳养老保险和医疗保险；②户籍所在地和长期居住地属于同一个地区；③部分地区的灵活就业人员可以申领社保补贴。如天津实行差额缴纳社会保险费新办法，进一步减轻灵活就业人员经济负担。

第三，商业保险。企业和劳动者个人都可购买商业养老保险、商业医疗保险作为补充保险。

60. 远程办公劳动者与传统劳动者劳动权益区别有哪些？

远程办公下，劳动者的办公形式出现变化，但仍是法律意义上的劳动者，需要满足《中华人民共和国劳动法》规定的用人主体资格，即“年满16周岁且具有完全民事行为能力”的个体。双方权益有以下区别：

(1)远程办公劳动者需要进行专门审批

远程办公劳动者因工作方式的特殊性，劳动者的条件也在年龄、身体等方面与传统劳动者要求不同，远程办公劳动者需要向用人单位申请远程办公，经用人单位审批才可以使用这种形式办公。

(2)劳动者休息权的保障不同

传统劳动者的工作时间标准是每日不超过8小时、每周不超过40小时；而远程办公劳动者的工作时间具有灵活性与自主性，传统的工作时间制度是不适用的，需要对远程办公劳动者的工作时间进行专门规范，以保障其合法权益。

(3)劳动者隐私权与劳动安全保障不同

对于远程办公的劳动者来说，异地远程办公使远程办公地点的安全问题面临挑战。远程劳动者的个人信息安全、商业信息安全以及办公场所安全的保护都需要关注。

61. 与传统用工模式相比，远程办公劳动者解决劳动争议的方式有哪些不同?

传统劳动争议依据《中华人民共和国劳动争议调解仲裁法》进行处理，分为调解、仲裁、诉讼三个环节。调解不成的，劳动者和用人单位依法进行立案申请、举证、质证；对仲裁结果不服的还可以去法院上诉。传统用工模式下的劳动关系较好处理，首要原因是立法比较完善，判例众多，为处理劳动争议留下诸多借鉴；其次，传统用工模式下的劳资关系明确，打卡、文书、签字、监控视频等都可作为仲裁证据，举证质证明确。

然而远程办公的劳动争议处理需要便利化，以一次性解决争议为主，尽量避免重复、长时间处理。各地仲裁院应当尽快根据当前现有判例出具"远程办公劳动争议案件"的处理标准，探索新形势下的劳动争议解决办法，明确可以被认定的证据类型。这是因为远程办公具有特殊性，劳动者居家办公的灵活性降低了劳动者对公司管理的从属性；在认定劳动关系时，由于打卡、签到等环节不够规范，缺少明确的证据，仲裁时往往难以认定员工与公司属于劳动关系还是劳务关系；加班时间与加班费的认定更是难上加难。

现阶段，远程办公劳动争议更加侧重于调解与协商的方式，可以避免过于程序化的仲裁与诉讼方式。而且，企业或第三方机构可以建立网上调解平台，由此更针对性地保障远程办公劳动者的劳动权益。

62. 如何保证远程办公劳动者公正平等的就业权?

远程办公劳动者公正平等的就业权难以保障的解决措施有以下三点：

(1)适当提高远程办公劳动者的最低就业年龄

劳动法要求劳动者达到法定就业年龄(16岁)，具有劳动权利能力与劳动行为能力即可参加工作。然而远程办公有其特殊性，远程办公需要劳动者利用互联网技术进行远程操控而完成工作任务，工作时间灵活，工作内容的技术性与专业性更强，工作条件要求较为宽松。对于已满16周岁而不满18周岁的未成年人而言，他们缺乏足够的自控力使自己投入工作。因此，目前劳动者的最低就业年龄16周岁并不适用于远程办公，可以对远程办公劳动者的年龄适当提高，保证其接受义务教育的权利。

(2)放宽对劳动行为能力的要求

对于远程办公，劳动者只要不具有影响工作的身体疾病，智力水平达到远程办公的标准便足以完成工作，残疾人也可以进行远程办公。但如果远程办公中劳动者健康状况下降的，也要及时调整远程办公劳动者的工作强度。

(3)明确远程办公劳动者就业必需的具体条件

目前开展远程办公的流程如下：

①由劳动者向用人单位提出申请，申请者需要提出进行远程办公的合理理由：申请者有或预计有抚养10周岁以下孩子的责任，或者有抚养18周岁以下残疾孩子的责任，且申请者是孩子的父母、养父母、监护人或收养者，或者是具备前述特征的人的配偶等，其他条件是否合理可以由用人单位进行裁量。

②用人单位进行审批、通过。明确适合远程办公的劳动者的主体条件不仅可以为劳动者提供规范的申请远程办公的渠道，又通过赋予用人单位审批权而限制远程办公的随意适用。用人单位需要对远程办公劳动者的就业申请条件进行逐级审批，并且对申请书与审批材料备案保存。

(4)建立保障远程办公劳动者就业的规章制度

应该建立针对远程办公劳动者就业的劳动规章制度。这不仅是远程办公实施的制度标准，更是远程办公劳动者享有劳动权利和履行劳动义务的制度保障。首先，不可利用远程办公的规章制度，侵犯远程办公劳动者的就业权、休息权等合法劳动权益。其次，要求用人单位将规章制度公示告知远程办公劳动者，并得到劳动者的确认。可以通过电子邮箱或以书面信件方式告知每一位远程办公的劳动者。最后，如果用人单位制定的远程办公规章制度的内容侵犯了劳动者的劳动权益，或者违反了我国劳动法律法规，劳动者有权向相关部门反映。经过查实的，劳动行政部门应当给予用人单位相应的处分，并对后续改正结果进行监督。

63. 远程办公劳动者的休息权得不到有效保证的原因有哪些？

远程办公劳动者的休息权得不到有效保证的原因有以下两点：

(1)远程办公劳动者适用的工时标准未统一

劳动者的休息权指的是劳动者在参加一定时间的工作后，所获得休息的权利。合理的工时制度是保证其休息权的基础。目前我国实行的工时制度主要包括标准工时制、缩短工时制、不定时工时制、综合计算工时制、计件工作时间，但这些制度都不能完全适应远程办公制度的需要。

(2)远程办公劳动者超时工作的界定不清晰

在远程办公中，劳动者脱离用人单位的直接管理，也容易导致用人单位通过增加劳动量的方式变相延长工作时间，致使远程办公劳动者超时工作，而侵犯其休息权。我国劳动法并没有对远程办公劳动者的超时工作进行界定，即使现实中出现了劳动者超时工作的情况，也难以举证说明。一方面，远程办工的工作时间有很强的灵活性与自主性，这也就决定其无法适用《中华人民共和国劳动法》中关于延长工作时间的规定；另一方面，因远程办公不属于突发性的紧急事件或者特殊情况，也不能适用《中华人民共和国劳动法》中关于延长工作时间的特殊规定，因此远程办公劳动者的超时工作，并不能按照传统劳动者超时工作的标准进行界定。

64. 如何保证劳动者的休息权?

远程办公劳动者的休息权得不到有效保证的解决措施有以下两点：

(1)明确适合远程办公劳动者统一的工时标准

国家立法规定的劳动者工作时间制度，主要是为了保障劳动者休息的权利，需要建立适合远程办公劳动者的工时制度。根据我国劳动法规定，远程办公可以参照适用的种类包括：不定时工作日，即没有固定工作时间限制的工作日，因工作时间或生产特点的限制，按照国家有关规定，可以实行其他工作和休息的办法；计件工作时间，需要以劳动者在一个标准工作日或一个标准工作周的工作时间内能够完成的计件数量为标准，确定劳动者的劳动量。

(2)清晰界定远程办公劳动者超时工作的情况

远程办公劳动者超时工作是指劳动者的工作时数超过法律规定的标准工作时间，包括加班和加点。一方面，可以通过技术手段建立界定标准。可以建立专为远程办公劳动者使用的远程线上打卡系统，即劳动者在开始工作和结束工作时分别进行打卡；为了防止劳动者恶意超时，在打卡的同时也需要在网络系统中报告工作进度。另一方面，建立工作时间评估制度。用人单位需要对完成一定工作任务所需要的工作时间，建立相对合理科学的工作时间评估制度，以此来界定远程办公劳动者是否超时工作。当远程办公劳动者在工作中遇到难以在评估时间内完成工作的特殊情况时，需要及时向用人单位反映，或者承担举证责任。对远程办公劳动者超时工作进行界定，不仅有利于维护远程办公劳动者的合法权益，而且可以促进用人单位改善经营管理，提高经济效益。

65. 目前在保障远程办公劳动者的隐私权方面存在哪些问题？

对远程办公劳动者的隐私权保护方式，存在以下两个问题：

(1)远程办公劳动者的个人隐私未得到保护

互联网平台是远程办公劳动者完成工作任务的主要媒介，为了保证远程办公的顺利进行，有必要保护远程办公劳动者在工作中提供的个人信息，从而维护远程办公劳动者的隐私权不受侵犯。尊重个人隐私是尊重人性的重要体现，个人信息的披露和相关决策应该由劳动者来决定，而不是受他人控制。

在远程办公的劳动关系中，组织应该给劳动者留下必要的隐私空间，否则很容易使劳动者的安全感缺失，导致劳动者忠诚度降低。远程办公所依靠的互联网技术可以将员工随时随地限定在工作场景中，这很容易将劳动者的隐私信息暴露于网络空间中；另一方面，其办公地点相对私人化，难以明确区分工作与生活的空间。在用人单位的监督与监控之下，劳动者易产生隐私空间被剥夺的感受，个人信息的轻易泄露也会带来人身风险和财产风险。因此，适用远程办公要解决劳动者信息安全保护的问题。

(2)用人单位对劳动者隐私安全承担的责任小

远程办公劳动者的隐私信息被泄露有两种原因：一是不法分子利用互联网盗取远程办公者的个人隐私；二是用人单位未经远程办公劳动者同意，将得知的劳动者个人信息擅自用于非工作目的，或者提供给第三人或故意泄露给第三人。作为劳动者个人信息的掌握方和使用方，组织对远程办公劳动者的隐私权的保护应负有更大的责任。

我国劳动法针对用人单位不同的违法行为，规定了相应的处罚标准。其中法律责任的种类包括民事责任、行政责任与刑事责任。而实践中，当出现远程办公劳动者的隐私权被侵犯的事件时，用人单位仅承担一定的行政责任，而承担的民事责任较小。损害劳动者隐私的违法成本太小，不利于远程办公劳动者隐私权的保障。

66. 如何保护远程办公劳动者的隐私权？

保障远程办公劳动者隐私权的解决措施有以下两点：

(1) 对远程办公劳动者的工作网络安全进行保护

在远程办公中，要保证办公信息安全与个人信息安全。远程居家办公的劳动者通过使用公共网络进行信息传输，与单位内网相比，安全性大大降低。其实，通过远程网络连接来访问公司网络的劳动者容易成为黑客攻击的主要目标。保障办公网络安全，加强远程办公中劳动者的信息安全保护，这不仅是保护远程办公劳动者隐私权的特殊体现，而且利于提高远程办公劳动者对用人单位的信任度。①用人单位应当利用科学技术采取保密措施，使远程办公的工作环境成为一个相对独立的空间。②为了依法管理网络安全，保证用户个人信息安全，我们需要加强个人信息与网络安全的立法，完善网络信息服务。③实践中已经有多项关于远程办公应用的发明专利，用人单位可以将这些专业技术应用到远程办公中，更科学保远程办公障劳动者的劳动权益。

(2) 落实用人单位关于劳动者隐私安全的责任

用人单位应当有能力保障劳动者在远程办公中的隐私权。要求用人单位承担法律责任是确保用人单位履行义务的重要手段。当用人单位主观上具有过错，客观上又有侵犯远程办公劳动者隐私权的违法行为的情况下，应当要求其承担相应的法律责任，为劳动者提供赔偿。用人单位应当根据实际情况，制定有关远程办公信息安全的规章制度以及防止侵犯隐私权的责任制度。基于性质恶劣的隐私侵犯行为，应当使单位承担刑事责任。对劳动者信息的保护包括身份证号码、联系方式、家庭住址等与人身利益密切相关的个人信息。保护此类信息，用人单位应当严格控制劳动者个人信息的输出传播途径并审查运用的渠道，提供安全上报信息的系统；劳动者应当学习安全使用网络的方法，遇到信息泄露的情况及时联系用人单位和网络服务提供者，控制信息泄露的范围，减少不利影响。这不仅有利于保障远程办公劳动者的隐私权利，还能保证劳动法律制度得到全面的贯彻实施。

【养家糊口与劳动法律的冲突难题】

某纺织公司因疫情影响安排侯某在2020年1月至6月期间放假并自2020年4月起按最低工资标准的80%发放工资。2020年5月开始，侯某为增加家庭收入，在案外人公司兼职并缴纳社会保险。纺织公司发现上述情况后于2020年5月26日向侯某发出通知，要求其马上改正否则后果自负。2020年7月1日，侯某回到纺织公司上班，但纺织公司以其已经与侯某解劳动关系为由拒绝安排工作。侯某不服，遂申请劳动仲裁，要求纺织公司支付违法解除劳动合同的赔偿金。法院认为，双方之间的劳动合同因用人单位的原因不能正常履行，侯某在放假期间临时到案外人公司兼职，系侯某在特殊时期的自救行为，不会对侯某完成纺织公司的工作任务产生任何影响。因此，用人单位应向被解除劳动关系的侯某支付一定赔偿。

67. 现阶段，我们在保护远程办公劳动者的劳动权利方面存在哪些问题？

劳动者对用人单位有着人身和经济上的依附性，在劳资关系中处于弱势地位。上述案例中，劳动者由于生活困难而进行兼职活动，实属无奈，却被用人单位作为辞退员工、缩减用人成本的借口，这种做法直接无视用人单位对劳动者的责任和担当。我国在保护劳动权利方面仍存在几处难题：

(1) 对抗性处理劳动争议的方式难以保障劳动者权益

在我国传统的劳动关系中，劳动争议的主要处理方式是调解、仲裁和诉讼。远程办公引发的劳动争议往往涉及劳动者的根本性权利，如生存权与健康权。案件的处理结果会影响劳动关系和谐稳定。如果主要依赖仲裁与诉讼这两种对抗性处理方式，不仅容易激化争议，使其转化为劳动者与用人单位之间的对抗性矛盾，更会使用人单位的经济利益难以得到保障，进一步侵害劳动者权益。因此，处理远程办公劳动争议时要更加注重协商性，避免对抗性，尽量减少仲裁与诉讼这样相对正式的解决方式，选择以协商与和解为主的协商性处理机制。

(2) 工会对远程办公劳动者劳动权益保障的监督不到位

工会是职工自愿结合的工人阶级的群众组织，代表广大职工群众的利益；工会作为保护劳动者合法权益的法定组织，具有维护劳动者合法权益的职责。工会的监督管理职责主要针对用人单位的行为是否符合劳动法律及法规。工会属于有组织的社会监督机构，对用人单位的管理方式进行监督是依法维护职工合法权益的重要表现。工会需要针对用人单位违反劳动法律、法规的行为提出意见、建议和要求。在远程办公中，工会监督员很难到办公现场进行调查，且缺乏针对远程办公的工会监督管理制度，这样就使得远程办公的监督管理脱离了正常的工会监督体制，不利于保障远程办公劳动者的合法权益。

68. 如何保护远程办公劳动者的劳动权利？

(1) 建立适合远程办公劳动争议的调解方式

基于远程办公的特殊性，劳动争议处理过程应该更加便利化，以一次性解决争议为主，避免重复处理。远程办公劳动争议的处理机制是由相关的劳动处理机构和相关争议处理程序共同构成解决远程办公劳动争议的处理机制。这一处理机制的合理性和程序的协调性直接影响远程办公劳动争议处理的效果，关系着远程办公劳动者的权利保障。远程办公劳动争议调解的特殊方式包括以下三点：

第一，建立企业调解制度。劳动者进行远程办公是企业审批通过的，企业应当负责调解远程办公中的劳资关系。

第二，建立专门的调解组织。远程办公劳动者与用人单位的调解机构之间无法达成协议的，或者达成协议后不履行的，可以向专门的处理远程办公劳动争议的调解组织申请进一步的调解。

第三，建立网上调解平台。基于远程办公劳动者的特殊性，线下调解的时效性不高。借助网上的调解平台进行处理会更加便利。

(2) 实行多元化协商性的劳动争议处理机制

为了更加有效地保障自身权益，将劳动争议提请有关机关解决是劳资双方选择的处理劳动争议的主要途径。但是，为实现和谐稳定的劳动关系，远程办公中劳动争议的处理要注重协商性，避免对抗性的处理方式，因此劳动争议的处理制度需要改善。对于诉讼与仲裁的处理方式，远程办公也应当遵守现有的规定。关于争议的受理地，应以劳动者办公所在地为主，这样既方便证据收集，也适合远程办公的特点。

同时，我们需要建立符合远程办公，以和解与调解为中心的协商性劳动争议处理机制，改革劳动仲裁与诉讼处理方式，鼓励非正式的解决方式，健全多元化调解机制，使对抗性的争议转化为合作性的利益，使远程办公的劳动争议得到和谐性消解。

(3) 实现工会对远程办公劳动者权益保障的监督

工会依法独立自主进行活动，通过专有的监督职能，弥补了劳动法律规范的不足，使工会在协调劳动关系中起到重要作用。工会对远程办公的监督职能主要体现在：①有权对远程办公的合同条款提出意见。用人单位需要与采取远程办公形式的劳动者签订专门的劳动合同。工会有权对不合理、不合法的合同条款提出意见，保障远程办公劳动者的劳动安全与健康。②用人单位裁减远程办公劳动者，应听取工会的意见。远程办公与传统办公形式有很大区别，远程办公劳动者涵盖老人、残疾人、妇女等弱势群体。裁员时，单位应向工会说明情况，听取工会意见，不得随意裁减。③工会有权参与劳动争议的调解与仲裁。工会代表可以组成调解委员会或者仲裁委员会，参与远程办公中产生的劳动争议。

69. 应如何综合远程办公与线下办公的优点以改进远程办公形式?

远程办公可以使劳动者灵活安排工作时间，缩减通勤时间，提高工作效率；但跨越地理距离的工作形式也会降低沟通效率，降低团队凝聚力。因此，一些单位提倡“3+2”混合办公模式，即允许员工在每周三至周五之间选择1~2天远程办公。的确，混合办公模式有助于提高工作效率，减少城市通勤压力，有益于女性职业发展和生育率的提升。企业、事业单位可以积极推广混合办公模式，让员工更好地平衡工作和家庭生活，提升员工幸福感和满意度。许多外资企业已经开始采用这种混合办公模式(如微软、戴尔、苹果等公司)，对于职能型员工(HR、财务、法务)，可以长时间居家远程办公；而研发人员可以采用混合办公制，每周进行2~3天的远程居家办公。

70. 组织可以为员工的劳动安全提供何种保护?

组织应该为在家工作的雇员提供第三方保险。公司还可为员工家中的重要工作设备提供保险。在家工作的人在法律上享有与办公室工作人员相同的健康和安全保护。组织所制定的所有健康和安全政策和程序都将适用于在家工作的工人。这包括要求员工报告任何与工作有关的意外，并接受定期的DSE评估。

弹性工作时间计划同样适用于远程居家办公人员。即便是在灵活的工作模式之下，居家办公人员被分配的工作任务和工作总量仍应在岗位职责的范围之内。如果管理者或者劳动者想要更改工作内容和职责范围，应当先提出申请并按照现有程序进行审批。对于劳动者超出法律规定的劳动时间，企业应当按照劳动法和相关法律支付报酬。

第五章　远程居家办公的心理调适

71. 新冠肺炎疫情期间的“应激反应”是指什么？

新型冠状病毒的易传染性、疫情防控的长期性和不断增多的社会负面信息使许多民众在生理和心理上都出现了不同程度的异常反应，包括：

①情绪反应。包括紧张、焦虑、无助、愤怒、抑郁等。

②行为反应。包括退缩、回避、攻击、强迫清洁等行为。

③认知反应：注意力不集中、记忆力下降、思维迟缓。

④生理反应：失眠、食欲下降、易惊醒等。

这一症状叫做“应激”(stress)，是人们在遇到灾难和危机等压力事件时的正常反应，它可以提高警觉性，帮助应对突如其来的困难和挑战。当压力事件被解决后，应激反应会逐渐减弱直至消失，所以出现这种反应时不必过度紧张。

72. 如何缓解远程办公模式下的心理不适感？

由于疫情防控的需要，许多公司开启了远程办公模式。对于常年在线下办公的人们来说，适应远程办公需要付出一定的努力。首先，大家潜意识将“家”默认为“休闲放松场所”，远程办公下人们在家被迫从“放假模式”进入“工作模式”，这会使我们出现短暂的认知失调，需要消耗大量的内部心理能量来适应这种改变。因此，很容易造成心理能量耗竭。但我们可以通过以下方式缓解：

(1)给自己设置过渡期，积极调整状态

通过一些有仪式感的行为来做好开工前的心理准备。例如，将桌子收拾干净，为自己准备一个宽敞明亮的工作区域；给房间通风，保证新鲜空气的供给；按照日常上班的作息严格要求自己，每天为自己做一顿丰富的早饭；换上适合上班的通勤服装，通过环境、行

为等暗示自己已进入工作状态。

（2）与家人做好沟通，维护良好的工作环境

居家办公时，工作环境与家庭环境没有明显边界，工作状态极易受家庭成员打扰。小孩子的吵闹声、父母长辈端茶送水的问候都变成了工作过程中的干扰因素，使办公者在“工作状态”和“非工作状态”中反复切换，导致工作效率降低。因此，我们要设置明确的工作时间与工作环境要求，告知家人并寻求家人的帮助和支持，将“工作时间请勿打扰”作为新的家庭规章。对于双职工家庭，夫妻双方可以合理安排工作时间和工作地点，避免相互影响；同时，轮流照顾孩子和老人，维持家庭秩序。这也可以帮助我们设置边界，区分居家办公时的工作状态与非工作状态。

73. 面对突然实施的居家办公，如何提高自控力？

（1）制定任务清单

与线下办公相比，居家办公的一个特点是更加关注结果性指标。我们可以为自己制定每日工作目标与任务，要求自己在规定的时间内完成。在制定任务计划时，从简单的事情入手，逐步提升难度。

（2）进行自我激励

可以通过奖励自己提升内在工作动机，比如给自己买一件心仪已久的东西；结束工作后看一部喜欢的电影。这些激励方式可以提高自我效能感，让自己逐渐适应居家工作。

案例：【在家办公到抑郁的码农】

居家办公1个月后，就职于互联网大厂的码农李想抱怨道：“开始的时候我感到很幸运，只要有台电脑就能在家办公，毕竟有些人由于疫情防控失去了工作。可是在持续了1周之后，我才发现事情有些不对劲，在家办公怎么比跑办公室还累！难道是我的意志力太薄弱了？万分自责的我赶紧把情况给周围的朋友一说，结果发现大家都差不多。没有边界的生活，简直效率低下。”

74. 为何居家办公会使劳动者耗费更多精力？

一般来说，居家办公者没有通勤压力且拥有更多的休息时间和工作自主权，可以根据

自己的实际情况来平衡工作和家庭，因而能够拥有更高的工作生活质量和工作满意度。然而事实并非如此，在我国普遍实行远程办公后，人们普遍认为居家办公后变得更累、更忙，还出现了无助、焦虑等情绪，且工作满意度与工作和家庭平衡并无明显差异。

从工作时间来看，虽然居家办公为员工节省了上下班的通勤时间，减少了与办公场所的物理联结，但互联网技术在员工与工作之间建立了不间断的虚拟连接，将员工始终“限制”在工作中；随着地理距离的拉长，下降的沟通效率也增加了工作时间。线上沟通方式依然具有局限性，受制于平台稳定性、网络状况等影响，实际 15 分钟的内容往往需要 1 个小时来说明。此外，管理者在为员工布置工作时会出现“补偿心理”，认为远程办公是对员工的“福利”，使其获得了更多休息时间，所以可以适当为居家办公的员工多布置工作。总之，居家办公的缺点抵消了优点。

从工作-家庭平衡的角度考虑，居家办公使工作领域和家庭领域失去了物理边界和心理边界，而家庭领域的时间边界还会入侵工作领域。例如，线下办公时，员工的午餐可以在公司食堂解决，自己无需花费精力；而居家办公期间，员工需要替自己和家人买菜、做饭、洗碗，使原本 40 分钟的午饭时间延长至 2 个小时，缩短了自己的休息时间。其次，照顾小孩、卫生清扫等工作增加了居家办公员工的压力。员工工作时，还需要不断关注孩子，以防发生意外。在双重压力下，居家办公员工的心理资源不断消耗，反而更加期待井然有序的线下办公生活。

75. 居家办公时劳动者为何会感到孤独无助？

当我们处于线下办公的情境中时，会出现“社会助长”(social facilitation)效应，它是指员工个人意识到同事和上司的评价、行为、监督时所带来的行为效率的提高。我们在工作时会顾忌别人对我们的评价，也很容易受到别人的激励，因此我们会不断地进行自我调整以保持高效的工作状态。

而远程办公情境下，员工缺少与朋友、同事、上司之间的有效互动，无法获得激励；家人无法对工作给予有效帮助，这都会使员工感到孤立无援。员工疲于应付家庭和工作，无序的生活使其失去了休闲放松的时间，耗竭了与他人沟通的欲望和心理资源，增加了无助感。远程办公使团队成员之间的地理距离拉长，使得心理距离也开始疏远，团队氛围下降；上司无法时刻观测到员工的行为与工作状态，无法进行疏导与观测。综上所述，持续性地远程办公会加深员工的孤独感。

76. 如何抵御工作中出现的消极情绪？

(1)和工作团队的成员定期见面

根据个人情况，可以安排与同事一周一见、一月一见或者半年一见。面对面交流可以让你找到团队的归属感，同时记住自己的工作目的。居家工作会使员工忽视关键目标与企业战略，使自己局限于琐碎的任务中。线下交流既可以增强团队成员之间的感情、默契，还可以总结工作成果，梳理新的工作任务和目标，强化企业战略。

(2)通过互联网拓展线上社交活动

线上社交平台的不断发展为虚拟化社交提供了广泛途径。除了传统的 Email 沟通、语音通话等，视频通话、线上聊天、新型社交平台甚至钉钉等工作软件都是员工进行社交的有效方式。

(3)不必时刻关注工作，学会放松

减少关注手机和电脑信息的时间。为自己制定工作时间表，一旦工作时间结束，就把通信产品放在一边。在休息时间，可以陪伴家人和朋友，完成家务，制作美味的饭菜。这不仅可以放松双眼，还给了大脑休息的时间。同时，可以利用工作之余，给自己充电、放松、舒展。

77. 组织中的管理者应如何辨别适合远程办公的劳动者？

在家工作并不适合所有人。办公室的动态和非正式的信息传递可能会对员工的表现产生重大影响。一些员工可能在传统的办公环境中发展得更好。例如，缺少工作经验的人可能需要更密切的监督和同事的帮助，但远程办公的情况下，将没有人为他们提供帮助。许多人无法清晰地认识远程办公的优缺点，所以组织在作出长期的办公模式计划安排之前，应先试行一段时间，以衡量是否适宜。携程公司在 2021 年便进行了远程办公试点，公司内部的调查结果显示，支持和抵制远程办公的人是同时存在的。

适合远程办公的人应具备以下特质：有上进心；自律；享受独立工作中的挑战；有灵活的方法；能够有效地安排工作时间；能在没有直接监督的情况下工作；可以忍受没有社交的孤独感；能够出差参加会议和现场访问；可以在工作和生活之间维持平衡。

组织在实行远程居家办公时，应遵循三个步骤：①个人申请。②直线上级对员工特质

进行评估，判定其是否适合居家办公。③评估员工的家庭环境是否适合远程居家办公。

78. 居家办公的员工为何容易患上“拖延症”？

拖延症主要有以下几个诱因：

(1)工作厌恶

人们总是不情愿去做自己讨厌的事物。因为大脑天生是懒惰的，总是倾向于一些简单的工作且不愿做出改变。因此，当我们从休闲状态转变为工作状态时，需要耗费大量的心理资源，大脑就会向我们传达厌恶的信号。当公司为员工分配完工作任务和截止日期后，员工总会在截止日期的前两天才开始工作，并不会提前开始，这就是拖延的负面效应。

(2)外界的诱惑因素

人同时具有感性思维和理性思维。感性思维是我们与生俱来的能力，不需要我们自主控制；而理性思维需要后天培养，且需要我们有足够的意志来支撑其运转。在工作情境中，感性思维会引导我们去注意一些工作之外的事，来缓解自身的压力和紧张情绪。理性思维弱于感性思维的人便容易被外界干扰，导致工作效率降低。

(3)压力逃避

有研究显示，情绪压力对工作效率和工作动机的影响呈倒U形曲线。当个体感到些许压力时，工作效率和动机会上升；而当压力感知超过自身阈值时，压力会使工作效率和工作动机下降。随着压力继续增加，个体会因承受不住压力而选择逃避和放弃。

可以用量表对拖延症进行测量，见表5.1。

表5.1　**拖延症测量量表**

拖延症测量	极度符合(5)	有点符合(4)	中性(3)	有点不符合(2)	极度不符合(1)
1. 我经常发现自己在做一些几天前就该完成的事情					
2. 直到临近交差期限我才会去做作业					
3. 看完一本从图书馆借来的书，我不会等到最后期限，而会马上归还					
4. 早晨该起床时，我会马上起床					

续表

拖延症测量	极度符合（5）	有点符合（4）	中性（3）	有点不符合（2）	极度不符合（1）
5. 写完的信总要等好几天才会寄出去					
6. 我一般会马上回电话					
7. 即便是那些只需要坐下来做的事情，我也很少能在几天内完成					
8. 我通常会尽快做决定					
9. 工作开始前，我总会拖一段时间					
10. 我总是要突击赶工才能按时完成任务					
11. 准备出门前，我很少会在最后一刻才想起有什么要做					
12. 面对有限的任务，我仍然会经常在其他事情上浪费时间					
13. 约会我喜欢早一点去					
14. 我一般在任务下达的时候就开始做					
15. 我通常能提前完成工作					
16. 在生日或节日要买礼物时，我总是最后一刻才会去买					
17. 即便是必须的物品，我也是最后一刻才买					
18. 我一般都能完成我当天计划完成的事					
19. 我总是说“我明天就做”					
20. 我通常会在我晚上休息前解决所有我必须做的事					
总分					

评分标准：

该量表共有20个题项，根据每个问题的得分之和计算总分。但需注意，问题3、4、6、8、11、13、14、15、18、20是反向问题，在计算得分时需进行反向计分。

1~33分：轻度拖延。还在可控范围，但是也要予以注意，尽快找到原因，早日告别拖延。

34~66分：中度拖延。拖延可能成为一种习惯，改变要从现在做起，建议制定计划并尽量按计划执行。

67~100分：重度拖延。需要重新审视和自我定位，需要大量的毅力和耐力，最好找个身边的人来督促自己，会有更好的效果。

79. 作为组织的管理者，如何帮助员工克服居家办公期间的拖延症？

(1)强化信息沟通

管理者需要与远程办公人员建立清晰的沟通系统，让他们拥有和线下办公者一样的便捷沟通方式。为了使公司有效运转，员工和经理之间需要有信任。但是，这种信任不应取代管理人员和工作人员对工作的期望的明确指标。

(2)可视化提醒

公司需要借助软件，定期推送工作内容的节点和最后期限，突出关键任务，在合适的时间点通过弹窗、电子邮件等方式提醒员工，防止因琐事和沟通不畅而耽误工作。首先，可以把整体任务进行分解，然后挑出其中最简单的部分去做，逐步增加工作任务的难度。

80. 远程办公人员是否会因远离人群而感到压力？

居家办公一方面使人们获得了更多的工作自主权，但也剥夺了人们与同事互动、营造和谐关系的机会。社会由一个个关系网络所构成，社交质量可以影响我们生活的方方面面。长时间独自居家办公的人往往会产生许多心理压力，而压力主要来源于以下几种原因：

(1)工作过量

居家办公期间，工作时间和休息时间的边界模糊，老板总是认为居家办公很轻松而增加任务量，经常在晚上 8 点之后布置任务；沟通效率的降低也延长了工作时间。加量的工作使我们无法完全放松自己的身体和心情，生理、心理都遭受着巨大压力。

(2)信息不足

在职场中，信息是职业生涯发展、晋升的重要助推器。除了正式的信息传播渠道，许多消息都来自非正式渠道，如午饭后的办公室闲聊、同事之间的八卦。居家办公的员工显然失去了这一获取信息的方式，因而会面临一些工作上的困难。

(3)工作—家庭冲突

居家办公的员工将家庭作为办公场所，无法很好地划分工作和家庭领域。工作任务过多时，加班会挤占家庭生活；而家庭琐事过多或出现重大事项后，我们又会无心工作。想同时兼顾家庭和工作生活是一件需要持续探索的难题。

(4) 生活压力

居家办公模式下，绩效考核中常用的过程性指标不再适用，许多企业通过工作结果进行绩效考核，使原本稳定的薪资收入变得不确定；疫情之下，企业因为生产受阻等原因下调员工薪资，减少了员工福利，这使员工的整体薪酬水平下降，增加了员工的生活压力。

(5) 沟通压力

居家办公使员工缺少与同事沟通交流的机会，增加了信息传递难度。以往在办公室可以用5分钟传达完毕的事情，居家办公却需要在线上反复确认。由于无法确认沟通时对方的神态、语气、眼神，只通过简单的文字表达信息经常会造成语言歧义等误会。这会给员工的工作带来许多麻烦，也会使员工在传达信息时过于谨慎，增加了心理压力。

81. 如何避免居家办公过程中的压力?

(1) 改善居家办公环境

家人的支持十分重要。从员工的立场出发，当心情不好或面临较大压力时，可以和家里人及时沟通。家人的关怀照料的确能够节省不少精力。若家庭成员并不支持远程居家工作，应考虑转换环境，如咖啡馆、图书馆。研究证明，在宽敞、明亮、安静的环境中更有利于高效工作。组织应向员工提供必需的设备、办公用品与服务支持。

(2) 适当宣泄压力

当压力过大时，员工需要找到合适的方式释放压力，如唱歌、运动、做饭等。减压方式要根据具体的情境选择。比如，唱歌要选择身边无人、不影响他人的环境。合理安排休闲时间，当工作告一段落后，可以选择下楼跑步、逛街等方式缓解压力。

(3) 保持学习

个体的自我效能感会随着学习的过程增长，内心的富有能弥补现实的缺乏。随着远程工作的时间累积，你会发现自己有很多不足。你会明显地认识到自己的竞争优势和劣势。保持学习，利用长板补全短板。做一个全面发展的人，才能不惧任何挑战。

(4) 坚持运动

无论何种职业、年龄、性别，身体的健康程度对生活和职业发展都十分重要。不可否认，一个人的气质、精神面貌会影响社交、生活、晋升等多方面。特别是在居家生活期间，我们更应该坚持运动，否则很容易出现久坐肥胖症等难以根治的问题。

82. 居家办公是否会间接造成晋升无望？如何改变这种局面？

许多人认为，居家办公不利于岗位晋升。相比线下工作的同事，远程办公人员无法时刻与同事、上司交换信息，缺少互动渠道，员工会觉得自己像是被遗忘的人；当其他人和关键利益相关者在开会，推动他们的日程计划的时候，远程办公员工却只能在家里独自浑浑噩噩。

实践中发现，居家办公对员工的职业晋升有显著影响，且存在两种极端现象：远程办公有利于职业晋升；远程办公不利于职业晋升。其实，远程办公只是一种新型的工作模式，决定我们实现职业晋升的决定性因素是工作绩效，而工作绩效=能力+动机+条件。对于一些岗位、一些员工来说，居家办公可以使其获得更多的工作时间、提升工作效率，且工作-家庭的平衡提升了他的工作满意度，因此他会表现出更强的能力和动机，绩效必然会得到提升。然而，对于某些员工来说，居家办公削减了信息获得渠道，降低了工作效率；家庭琐事进一步拉低了其工作满意度。这必然会降低其绩效，影响其晋升。

此外，领导者会对员工的居家办公结果进行归因判断：当领导者对员工进行生产效率归因的时候，认为居家办公提升了其工作效率，居家办公的使用会给员工职业生涯带来益处；然而，当领导者对员工进行个人生活归因，认为居家办公只是方便了员工照顾家庭生活，没有进一步提升绩效水平时，居家办公则会影响员工的职业发展。

因此，远程办公并不一定是阻碍职业发展的绊脚石。我们需要克服信息沟通障碍、工作-家庭冲突，适当调试内心压力，通过展现高的绩效水平为自己争取职业晋升机会。

83. 如何提高团队参与度，保持在团队中的话语权和领导力？

(1) 确保经常和直线领导及团队同事见面

通过线上视频会议或语音通话来保持和领导的交流，一周两到三次。可以与领导沟通在工作中遇到的问题、对当下工作的看法和建议，致力于提高团队工作效率。关于团队建设，员工需要主动保持与团队成员的信息互通，及时告知同事自己的工作的近况以及进展，并定期进行社交活动。在别人遇到困难的时候及时提供帮助，这对保持自己在团队中的话语权大有裨益。

(2) 直线领导和居家办公员工的面对面交流

组织应制定政策，允许经理和其他适当的领导者看望重要的居家办公人员。这应该事先安排好，而且应安排在双方都方便合理的时间。

(3) 与同事建立良好关系

良好的人际关系有利于提高个体在组织中的话语权。通过向同事寻求帮助、询问对某事的观点，居家办公的个体可以很容易地和其他同事建立稳定的社会关系。

84. 居家办公期间为何与同事存在交流障碍？

人类作为群居动物，对线下社交存在需求。线上社交虽可以满足一部分精神需求，但和老板、同事，在办公软件和电话会议上聊与工作无关的内容总归不合适。此外，打字交流有时会出现语义歧义，字面表达无法传达我们说话时的语气、神情，有可能使别人误解我们的意思，造成无效沟通。

85. 居家办公时你是否会觉得集体的沟通成本很高？

远程办公时，工作群、小组群、项目群每天都会有几百条信息，会议从早上到晚上，老板的60秒语音方阵随时降临，即便如此，沟通还是很难。相对于线下办公，点对点线上沟通的效率差距并不会很大，但是当一件事情需要多人对接协同工作时，通过线上会议进行沟通，效果远远不如当面沟通那样高效，即使现在的各种办公软件已经可以实现共享屏幕、文档协助等功能，但软件还是无法取代一块简简单单的白板和画笔，一群人面对面彼此交流的效率依然远高于线上沟通。

86. 如何提高团队的沟通效率？

(1) 确定统一的沟通方式

目前很多团队都是用微信群、QQ，甚至是邮件做日常任务中的沟通，这种方式看似是最方便的，但也容易引发两个问题：①频繁切换平台任务，容易漏掉重要信息；②平台具有自动清理缓存的功能，文件过期后会被自动清理，重要文件在一段时间后会被删掉，不易保存。建议使用统一的沟通平台，不仅免去切换平台的繁琐，还可以避免聊天中的重要文件丢失。

(2)明确任务的安排

公司通常采取项目制的管理方式，一个项目中会包含多个任务。然而，项目团队缺乏明确的沟通链与统一的信息汇总平台，对于项目进程的管理十分不到位。有时，负责同一个项目中不同任务的成员不了解各自的工作内容、工作量和工作进程，造成重复工作、忙乱无序的局面。所以，需要公开项目和任务，让团队里的人都能看到你在做什么。在任务分配时，很多公司会通过直接开会来给每个人分配工作，这种分工方式很可能会引发任务出错时找不到明确负责人、一个任务多人协作沟通不便、绩效考核难打分等一系列问题。应该将任务分配的过程落实到一个具体形式，给每个任务安排直接负责人，确认好开始和截止时间，项目成员和负责人如果对任务有问题可以随时提出来并一起讨论解决。这样，大家都可以同步了解任务详情，更好地提升工作效率。

(3)重要会议提前安排

对于不能通过线上平台明确沟通的问题，还是应该采取面对面沟通的方式。对于重要任务的沟通，最好提前预订一场线下会议来有效率地解决，杜绝通过口头确认的方式发布一个任务信息，避免出现任务出错却找不到负责人的情况。比如，在一个项目启动前可以约这个项目的主要成员开会，确定一下该项目的目标、流程梳理及注意事项。会议中要明确各个阶段的主要目标与产出成果，适当激励成员。会议尽量提前2~3天确认参会人员、各成员的时间安排，并做提前提醒，确保会议的有效性，避免同一个会议需要开两次。

87. 如何有效进行线下交流?

(1)定期见面

跟自己的朋友或者同事定期见面，交流自己在日常生活中的见闻，或是讨论一些比较热门的话题，甚至可以探讨一下如何做菜。

(2)出去旅游

偶尔为自己放个假，做好疫情防护的前提下，去往自己一直想去的地方，可以是一个人或者和朋友一起，来一场身心放松的旅行。

88. 居家办公期间如何做好自我管理?

(1)避免穿着睡衣工作

“穿出成功”并非毫无根据，即使在家工作，这句话也很重要。事实上，有学者研究表明，当人们穿有象征意义的衣服时，他们的工作表现会更好。脱掉家居服，穿上满意的通勤服装，用“换衣”行为来提醒自己已经进入工作状态。这种仪式感会使我们找到线下工作的感觉。

(2)避免在床上工作

人们所处的环境会向大脑发出某种放松模式的信号，让身体进入“睡前状态”。对员工来说，当需要加急工作时，要丢弃减压的想法，远离过度放松的区域和设备。走出舒适区，先从为自己寻找一张大而整洁的办公桌和舒适的工作椅开始。

(3)制定生活时间表

如果居家办公工者能够为自己建立一个有条理的时间表，工作的条理性和幸福感都会出现大幅上涨。通过为自己制定一天的活动计划来保持条理，这才能做到工作、家庭两不误。如果家里有老人、小孩，一定要设定明确的空间和时间界限，将工作领域生活领域合理分开。

89. 居家办公的你是“久坐肥胖者”吗?

居家办公者基本需要在电脑前坐着办公一整天，很少有时间活动、放松，运动量大幅度下降，久坐变成了常态。长时间坐在电脑前等于超长待机，虽然很多人都知道工作需要有限度，要适当休息，但是他们似乎克服不了自己，总觉得有更多的工作要完成。这是因为个体一旦专注于某项事务时，容易进入“心流”状态，此时达到了注意力的高度集中状态，不太容易感知到外界的变化。因此，人们很容易专注工作而忽略了久坐缺乏运动的问题，于是导致了体内的脂肪堆积，使身体出现肥胖、腰椎受损、关节僵硬等问题。

90. “久坐肥胖”怎么办？

(1)饭后不要立马坐着或者躺着

现在很多人都很喜欢一吃完饭就躺下或者直接坐在座位上不动，这样不仅不利于消化，而且还很容易产生肚腩。有效的方法是吃完后站一会或者走动一下。

(2)保持充足的睡眠

人体在睡眠的过程中会释放“瘦素”，能帮助人体减肥。不过目前有很多年轻人喜欢熬夜以为能瘦，但这其实是一个很大的误区。想要有效地减肥，必须保证充足的睡眠。

(3)适当的运动

运动也是件能帮助减肥的事，而且还能帮助我们塑形、提高身体素质。不过，现在很多上班族的工作都很忙，工作和家庭已经把一天的时间占满，没有时间去健身房、参加运动锻炼。其实，工作之余可以通过走路、跑步等行为来减肥。如果家里有足够的空间，可以购置一台跑步机，在工作间隙进行运动。在上下班的时候，如果距离近的话，也可以通过走路来锻炼身体。

91. 常见的心理健康评估量表有哪些？

(1)GAD-7焦虑症筛查量表

在过去的两周里，你生活中以下症状出现的频率有多少？把相应的数字总和加起来。见表5.2。

表5.2　**GAD-7焦虑症筛查量表**

焦虑症状	没有（0分）	有几天（1分）	一半以上（2分）	几乎天天有（3分）
感到不安，担心及烦躁				

续表

焦虑症状	没有 （0分）	有几天 （1分）	一半以上 （2分）	几乎天天有 （3分）
不能停止或无法控制的担心				
对各种各样的事情担忧过多				
很紧张，很难放松下来				
非常焦躁，以至于无法静坐				
变得容易烦恼或易被激怒				
感到好像有什么可怕的事会发生				
总分：				

评分标准：

0~4分：没有焦虑症状。很好！请继续保持。

5~9分：轻度焦虑症状。正常！建议学习居家内观等心理疗法，进行自我调节。

10~13分：中度焦虑症状。警惕！建议求助心理咨询师，进行心理干预。

14~18分：重度焦虑症状。严重！建议去精神科就诊，以门诊药物治疗。

19~21分：极重度焦虑症状。危险！请尽快去精神专科医院就诊，住院综合治疗。

（2）PHQ-9抑郁症筛查量表

在过去的两周里，你生活中抑郁症状（见表5.3）出现的频率有多高？把相应的数字总和加起来。

表5.3 **PHQ-9抑郁症筛查量表**

抑郁症状	没有 （0分）	有几天 （1分）	一半以上 （2分）	几乎天天 （3分）
做事时提不起劲或没有兴趣				
感到心情低落、沮丧或绝望				
入睡困难、睡不安稳或睡眠过多				
感觉疲乏或没有活力				
食欲不振或吃得太多				
觉得自己很糟，或觉得自己很失败，或让自己或家人失望				

续表

抑郁症状	没有 (0分)	有几天 (1分)	一半以上 (2分)	几乎天天 (3分)
对事物专注有困难，例如阅读报纸或者看电视时不能集中注意力				
动作或说话速度缓慢到别人已经觉察，或正好相反，烦躁或坐立不安、动来动去情况更胜于平常				
有不如死掉或用某种方式伤害自己的念头				
总分：				

评分标准：

0~4：你没有抑郁症状。你的心理基本正常，继续保持！

5~10：你有轻微的抑郁症状。有些人会出现一段时间的心情低落、悲观消极就开始怀疑自己患上了抑郁症，但是很可能只是正常的抑郁情绪波动而已，并非上升到了病理性质。你当前可采取自我心理调节，保持乐观开朗的心境。

11~20：处于中度抑郁状态。几乎我们所有人都在某个时候觉得情绪低落，常常是因为生活中一些不如意的事情。但是持续性的抑郁(重度抑郁)则是另外一回事。你当前状态不好，可以请心理咨询师，请他帮你缓解抑郁情绪。

21~30：你的精神明显抑郁，症状非常严重。你应该马上进行心理咨询，同时进行精神上的自我训练，让自己从消极、压抑的情绪中解脱出来。

(3)心理弹性量表 CD-RISC

心理弹性量表 CD-RISC 见表 5.4。请根据最近一个月的心理状况填写此表，并对每项得分求和。

表 5.4　**心理弹性量表 CD-RISC**

序号	题　　目	从来不 (0分)	很少 (1分)	有时 (2分)	经常 (3分)	一直如此 (4分)
1	我能适应变化					
2	我有亲密、安全的关系					
3	有时，命运或上帝能帮忙					
4	无论发生什么我都能应付					

续表

序号	题　目	从来不（0分）	很少（1分）	有时（2分）	经常（3分）	一直如此（4分）
5	过去的成功让我有信心面对挑战					
6	我能看到事情幽默的一面					
7	应对压力使我感到有力量					
8	经历艰难或疾病后，我往往会很快恢复					
9	事情发生总是有原因的					
10	无论结果怎样，我都会尽自己最大的努力					
11	我能实现自己的目标					
12	当事情看起来没什么希望时，我不会轻易放弃					
13	我知道去哪里寻求帮助					
14	在压力下，我能够集中注意力并清晰思考					
15	我喜欢在解决问题时起带头作用					
16	我不会因失败而气馁					
17	我认为自己是个强有力的人					
18	我能做出不寻常的或艰难的决定					
19	我能处理不快乐的情绪					
20	我不得不按照预感行事					
21	我有强烈的目的感					
22	我感觉能掌控自己的生活					
23	我喜欢挑战					
24	我努力工作以达到目标					
25	我对自己的成绩感到骄傲					

评分标准：

该量表采用李克特的5分评定法，题项分为3个维度：

(1)坚韧性。题号：11~23题。

(2)力量性。题号：1，5，7，8，9，10，24，25。

(3)乐观性。题号：2，3，4，6。

该量表满分100分，若总分超过65.4分，则说明你具有不错的心理复原力。

(4)工作压力评估表

工作压力评估表见表5.5。

表 5.5　　工作压力评估表

题　　目	从未 (0)	偶尔 (1)	经常 (2)
工作量大而感到疲惫			
稍有一点不顺心就生气，时有不安的情形发生			
觉得手上工作太多而无法应付			
觉得时间不够，而要争分夺秒			
遇到挫折时容易发脾气			
担心别人对自己工作的表现不满意			
自我期望值高而产生压力			
需要借助安眠药才能入睡			
工作太多不能每一件都做到尽善尽美			
努力工作但是工作效率不显著			
做事急躁、任性，而事后感到内疚			
担心自己的经济状况			

评分标准：

0~10 分：工作压力程度低。可能工作上没有压力而生活缺乏刺激，简单沉闷。

11~15 分：工作压力程度中等。某些时候感到工作压力较大，仍可应付。

16 分及以上：工作压力高。应反省一下并寻求解决办法。

(5) 职业倦怠评估量表

职业倦怠评估量表见表 5.6。

表 5.6　　职业倦怠评估量表

请您根据自己的感受和体会，判断它们在您所在的单位或者您身上发生的频率，并在合适的数字上划✓

	项目	从不	极少	偶尔	经常	频繁	非常频繁	每天
	情绪衰竭	该维度的得分=所有题目的得分相加/5						
1	工作让我感觉身心俱疲	0	1	2	3	4	5	6
2	下班的时候我感觉精疲力竭	0	1	2	3	4	5	6
3	早晨起床不得不去面对一天的工作时，我感觉非常累	0	1	2	3	4	5	6
4	整天工作对我来说确实压力很大	0	1	2	3	4	5	6
5	工作让我有快要崩溃的感觉	0	1	2	3	4	5	6

续表

	项目	从不	极少	偶尔	经常	频繁	非常频繁	每天
工作态度		该维度的得分=所有题目的得分相加/4						
1	自从开始干这份工作，我对工作越来越不感兴趣	0	1	2	3	4	5	6
2	我对工作不像以前那样热心了	0	1	2	3	4	5	6
3	我怀疑自己所做工作的意义	0	1	2	3	4	5	6
4	我对自己所做工作是否有贡献越来越不关心	0	1	2	3	4	5	6
成就感		该维度的得分=反向计分后，所有题目的得分相加/6						
1	我能有效地解决工作中出现的问题(反向计分)	0	1	2	3	4	5	6
2	我觉得我在为公司做有用的贡献(反向计分)	0	1	2	3	4	5	6
3	在我看来，我擅长于自己的工作(反向计分)	0	1	2	3	4	5	6
4	当完成工作上的一些事情时，我感到非常高兴(反向计分)	0	1	2	3	4	5	6
5	我完成了很多有价值的工作(反向计分)	0	1	2	3	4	5	6
6	我自信自己能有效地完成各项工作(反向计分)	0	1	2	3	4	5	6

评分标准：

得分在50分以下：工作状态良好；

得分在50~75分：存在一定程度的职业倦怠，需进行自我心理调节；

得分在75~100分：建议休假，离开工作岗位一段时间进行调整；

得分在100分以上：建议咨询心理医生或辞职，不工作，或换个工作也许对人生更积极。

(6)情绪-社交孤独量表(ESLI)

本问卷的目的是帮助你了解生活中的实际状况以及你对此时的体验如何。请对每个问题的两个类别都作出回答。见表5.7。

表5.7　　**情绪-社交孤独量表(ESLI)**

题　　目	偶尔 (0)	有时 (1)	通常 (2)	经常 (3)
生活状况：				
1. 我没有挚友				
2. 跟别人一道时，人家想占我的便宜				
3. 我没有伴侣(或男/女朋友)				
4. 我不愿因自己的困难而让别人感到有负担				

续表

题　　目	偶尔 (0)	有时 (1)	通常 (2)	经常 (3)
5. 在我的生活中没有人依赖我				
6. 任何人跟我都不交心				
7. 生活中没有人想要了解我				
8. 生活中没有人愿意受到我的连累				
9. 我有许多时间独自待着				
10. 我未加入任何社团或组织				
11. 我今天跟任何人都未说话				
12. 我跟周围的人没有共同话题可谈				
13. 与别人相处时我并不更多地坦露自己				
14. 我不冒社交之险				
15. 人们不觉得我有趣				
生活中的体验：				
1. 我没觉得有挚友				
2. 我害怕相信别人				
3. 我没觉得我有伴侣(或男/女朋友)				
4. 当分担我的困难时，我的好友觉得是个负担				
5. 我觉得别人不依赖我，也不觉得我重要				
6. 我觉得我无法跟任何人交心				
7. 我觉得不被理解				
8. 我觉得求别人并不安全				
9. 我感到孤独				
10. 我不觉得是任何社团或组织中的一员				
11. 我觉得今天跟任何人都没接触				
12. 我觉得与别人无话可说				
13. 我觉得跟别人相处时不再是本来的我				
14. 与别人相处时我感到难堪				
15. 我不觉得自己有趣				

评分标准：

ESLI 包含 15 对描述。每对中“生活中的状况”描述孤立，“生活中的体验”描述孤独。情绪孤立与孤独由前 8 对条目评定，社交孤立与孤独由后 7 对条目评定。对孤立的评分分级如下：

得分<6 表示无孤立；得分 6~8 表示一般的孤立；得分 9~12 表示属于一般人的孤立；得分≥13 表示孤立问题严重。

对孤独的评分分级如下：

得分<6 表示无或几无孤独；6~10 分表示一般的情绪孤独；11~14 分表示高于一般人的孤独；≥15 分表示情绪孤独问题严重。

(7) SCL-90 心理健康症状自评量表

表5.8中列出了有些人可能有的症状或问题，请仔细阅读每一条，然后根据该句话与您自己的实际情况相符合的程度(最近一个星期或现在)，选择一个适当的数字填写在后面的答案框中：1——从无、2——很轻、3——中等、4——偏重、5——严重。

表5.8 **SCL—90 心理健康症状自评量表**

序号	问题	选项
1	头痛	
2	神经过敏，心中不踏实	
3	头脑中有不必要的想法或字句盘旋	
4	头晕或晕倒	
5	对异性的兴趣减退	
6	对旁人责备求全	
7	感到别人能控制您的思想	
8	责怪别人制造麻烦	
9	忘性大	
10	担心自己的衣饰整齐及仪态的端正	
11	容易烦恼和激动	
12	胸痛	
13	害怕空旷的场所或街道	
14	感到自己的精力下降，活动减慢	
15	想结束自己的生命	
16	听到旁人听不到的声音	
17	发抖	
18	感到大多数人都不可信任	
19	胃口不好	
20	容易哭泣	
21	同异性相处时感到害羞不自在	
22	感到受骗、中了圈套或有人想抓住您	
23	无缘无故地突然感到害怕	
24	自己不能控制地大发脾气	

续表

序号	问题	选项
25	怕单独出门	
26	经常责怪自己	
27	腰痛	
28	感到难以完成任务	
29	感到孤独	
30	感到苦闷	
31	过分担忧	
32	对事物不感兴趣	
33	感到害怕	
34	您的感情容易受到伤害	
35	旁人能知道您的私下想法	
36	感到别人不理解您、不同情您	
37	感到人们对您不友好、不喜欢您	
38	做事必须做得很慢以保证做得正确	
39	心跳得很厉害	
40	恶心或胃部不舒服	
41	感到比不上他人	
42	肌肉酸痛	
43	感到有人在监视您、谈论您	
44	难以入睡	
45	做事必须反复检查	
46	难以做出决定	
47	怕乘电车、公共汽车、地铁或火车	
48	呼吸有困难	
49	一阵阵发冷或发热	
50	因为感到害怕而避开某些东西、场合或活动	
51	脑子变空了	
52	身体发麻或刺痛	
53	喉咙有梗塞感	
54	感到前途没有希望	
55	不能集中注意力	

续表

序号	问题	选项
56	感到身体的某一部分软弱无力	
57	感到紧张或容易紧张	
58	感到手或脚发重	
59	想到死亡的事	
60	吃得太多	
61	当别人看着您或谈论您时感到不自在	
62	有一些不属于您自己的想法	
63	有想打人或伤害他人的冲动	
64	醒得太早	
65	必须反复洗手、点数	
66	睡得不稳不深	
67	有想摔坏或破坏东西的想法	
68	有一些别人没有的想法	
69	感到对别人神经过敏	
70	在商店或电影院等人多的地方感到不自在	
71	感到任何事情都很困难	
72	一阵阵恐惧或惊恐	
73	感到公共场合吃东西很不舒服	
74	经常与人争论	
75	单独一人时神经很紧张	
76	别人对您的成绩没有做出恰当的评价	
77	即使和别人在一起也感到孤单	
78	感到坐立不安心神不定	
79	感到自己没有什么价值	
80	感到熟悉的东西变成陌生或不像是真的	
81	大叫或摔东西	
82	害怕会在公共场合晕倒	
83	感到别人想占您的便宜	
84	为一些有关性的想法而很苦恼	
85	您认为应该因为自己的过错而受到惩罚	
86	感到要很快把事情做完	

续表

序号	问题	选项
87	感到自己的身体有严重问题	
88	从未感到和其他人很亲近	
89	感到自己有罪	
90	感到自己的脑子有毛病	

评分标准：

(1)总分：90个项目单项分相加之和，能反映其病情严重程度。

(2)总均分：总分/90，表示从总体情况看，该受检者的自我感觉位于1～5级间的哪一个分值程度上。

(3)阳性项目数：单项分≥2的项目数，表示受检者在多少项目上呈有“病状”。

(4)阴性项目数：单项分=1的项目数，表示受检者“无症状”的项目有多少。

(5)阳性症状均分：(总分-阴性项目数)/阳性项目数，表示受检者在“有症状”项目中的平均得分。反映受检者自我感觉不佳的项目，其严重程度究竟介于哪个范围。

(6)因子分共包括10个因子，即所有90个项目分为10大类。每一因子反映受检者某一方面的情况，因而通过因子分可以了解受检者的症状分布特点，并可作廓图(profile)分析。

(8)积极情绪量表

积极情绪量表见表5.9。

表5.9　**积极情绪量表**

序号	题　项	一点都没有(0)	有一点(1)	中等(2)	很多(3)	非常多(4)
1	你所感觉到的逗趣、好玩或可笑的最大程度有多少?					
2	你所感觉到的生气、愤怒或懊恼的最大程度有多少?					
3	你所感觉到的羞愧、屈辱或丢脸的最大程度有多少?					
4	你所感觉到的敬佩、惊奇或叹为观止的最大程度有多少?					

续表

序号	题　项	一点都没有（0）	有一点（1）	中等（2）	很多（3）	非常多（4）
5	你所感觉到的轻蔑、藐视或鄙夷的最大程度有多少？					
6	你所感觉到的反感、讨嫌或厌恶的最大程度有多少？					
7	你所感觉到的尴尬、难为情或难堪的最大程度有多少？					
8	你所感觉到的感激、赞赏或感恩的最大程度有多少？					
9	你所感觉到的内疚、忏悔或应受谴责的最大程度有多少？					
10	你所感觉到的仇恨、不信任或怀疑的最大程度有多少？					
11	你所感觉到的希望、乐观或备受鼓舞的最大程度有多少？					
12	你所感觉到的激励、振奋或兴高采烈的最大程度有多少？					
13	你所感觉到的兴趣、吸引注意或好奇的最大程度有多少？					
14	你所感觉到的快乐、高兴或幸福的最大程度有多少？					
15	你所感觉到的爱、亲密感或信任的最大程度有多少？					
16	你所感觉到的自豪、自信或自我肯定的最大程度有多少？					
17	你所感觉到的悲伤、消沉或不幸的最大程度有多少？					
18	你所感觉到的恐惧、害怕或担心的最大程度有多少？					
19	你所感觉到的宁静、满足或平和的最大程度有多少？					

续表

序号	题　项	一点都没有(0)	有一点(1)	中等(2)	很多(3)	非常多(4)
20	你所感觉到的压力、紧张或不堪重负的最大程度有多少？					

评分标准：

回顾并圈出反映积极情绪的10个项目和10个反映消极情绪的项目。数一数圈出的积极情绪项目中，被你评定为2或以上的有多少；数一数画线的消极情绪项目中，被你评定为1或以上的有多少。

将你的积极情绪得分除以你的消极情绪得分，算出你今天的积极率。如果你今天的消极情绪数量为0，用1来代替它。

92. 居家必备的心理救援热线有哪些？

(1)心理咨询(援助)热线全国新冠肺炎心理危机干预热线

电话：400-832-1100，0731-85292999；服务时间：24小时(中国医学救援协会心理救援分会、国家精神心理疾病临床医学研究中心、中南大学湘雅二医院心理咨询中心联合主办)。

(2)北京市心理危机干预热线

电话：800-810-1117(座机拨打)，010-82951332(手机拨打)；服务时间：24小时。

(3)上海市心理援助热线

电话：021-12320-5；服务时间：08:00~22:00。

(4)广州市心理危机干预中心热线

电话：020-81899120；服务时间：24小时。

(5)深圳市心理危机研究中心心理危机干预热线

电话：0755-25629459；服务时间：24小时。

(6)武汉市精神卫生中心免费心理服务热线

027-85844666；服务时间：24小时。

(7)湖北省高校心理服务热线

电话：400-702-7520；服务时间：09:00-21:00。

(8)北京师范大学疫情防控期心理支持热线

电话：400-188-8976；服务时间：06:00-24:00。

第六章　远程居家办公工作—生活平衡

93. 什么是远程居家办公中的工作—生活平衡？

在人们的常规认知中，待在与工作要求相关的场所即为办公，待在家中等与工作无关的场所即为生活。大部分人将“办公室”默认为工作代名词，而“家”则是生活的代名词。然而在后疫情时期，远程居家办公逐渐走进更多人的日常生活中，工作由办公室转移到了家中，工作场所与生活场所出现了重叠，人们在工作状态与生活状态中的切换无需更换场所，工作与生活的平衡问题也就随之而来。

所谓工作与生活的平衡问题，通俗来讲就是时间和精力分配的问题。在办公室工作中，大部分员工需要在规定时间内全程身处工作岗位上，由于时间冲突、路程距离等原因无法接送家中孩子上下学，无法帮助家中父母进行生活物品采买等，而在居家办公状态中，大部分工作都可以在家中自由完成，只要在规定的时间内完成所要求的任务，在完成任务的时间与顺序调整上面给予了员工一定的自由，员工就能够在条件允许的情况下接送孩子上下学等，而后在晚上把未完成的工作完成。

虽然居家办公能够在一定程度上自由调节工作时间，给完成生活事务提供了更多机会，但有些人则认为这样在工作时间中穿插生活事务会影响工作效率，降低工作质量，由此工作与生活如何平衡才能实现双赢就成为了待解决的问题，想要做好工作与生活的平衡，最重要的就是理清两者的边界，并妥善处理。

94. 公司管理层需对远程居家办公员工的作息安排与工作时间进行实时监管吗？

不需要。如果存在特殊情况则公司可根据特殊情况再做决定。总的来说，公司管理层在规定上应给予员工一定的工作安排自由，在确保各位员工能够在规定时间内保质保量完成规定工作的同时，给予员工自由安排工作顺序或完成工作的时间段的自由。

95. 远程居家办公，家人应该如何做？

比如，当居家办公的员工工作时，其家人发现客厅的电灯损坏，而现在并无急迫需要使用它的情况，家人应该立刻告诉工作中的员工吗？

家人应与居家办公人员提前协商，了解居家办公人员的作息时间与工作时间安排，清楚地认识到居家办公与现场办公一样都需要全身心投入工作，不发出噪音，不在工作时间内影响其工作，不随意出入工作空间，同时帮助监督居家办公人员的时间计划表的执行。如遇特殊紧急情况则根据具体情况处理，如家中亲属突发疾病，仍应及时告知员工并进行及时处理。

96. 远程居家办公，个人应该如何做？

(1)远程居家办公需要员工培养较强的自律性、独立开展工作的能力和自身的专业判断力。同时需要独立，不需要上级或其他同事的频繁协助指导。除此之外，还非常强调业绩与成果导向，能够自行掌控工作进度。

(2)制定并严格执行时间计划表。

(3)与家人进行讲解协商，家人不主动打扰自身工作，自己也要做到认真工作不分心，不在工作时间内打扰家人的生活。

97. 远程居家办公时，如何和幼儿园孩子做好提前沟通？

(1)选择客厅或次卧作为独立办公区

如果工作出现不能被打扰的情况，把孩子带到另一个屋子里。如果孩子进入你的办公空间并且大声喧哗吵闹打扰到了你，可以提前和孩子沟通好，比如可以告诉孩子："因为外面现在有小病菌，爸爸妈妈需要在家里上班一段时间。在爸爸妈妈白天上班的这段时间，需要宝宝帮助，不能大声吵闹打扰到爸爸妈妈工作。"

(2)让孩子明白什么是上班

比如可以告诉孩子："爸爸妈妈之前总是早上走晚上回来，就是去上班了。上班就是去做事情，就跟你自己要上学一样，只有上了班才能领到工资，给你买玩具，买新衣服，买巧克力。”

(3)孩子捣乱时，及时沟通

“爸爸妈妈知道你很想我现在陪你，但是抱歉，现在爸爸妈妈需要上班，在闹铃响之后的20分钟，爸爸妈妈会陪你玩游戏。你现在可以选择找爷爷奶奶或者姥姥姥爷玩会儿，或者选择自己单独待一会，你来决定。”

(4)建立规则意识

刚开始孩子可能会无视你的语言，但每次当孩子在爸爸或者妈妈办公的区域大声吵闹，家人就什么都不说，安静地把孩子带离到另一个房间，几次坚持后，孩子会逐渐内化在爸爸妈妈工作的周围，需要保持安静这个规则。

98. 远程居家办公如何合理规划陪伴幼儿园时期孩子的时间？

(1)合理规划家中的陪娃人力

让孩子既有可以和家庭中的每个人单独相处的时间，也有所有家庭成员共处欢乐时间(通常是吃饭时间或者茶余饭后的游戏时间)，同时还需要有自己的独处时间。

(2)结合自身工作情况和伴侣协调好陪娃时间表

比如你的工作效率在上午最高，这个时段就可以把孩子交给伴侣，在你效率不高的时段，可以一边做些简单机械的工作，一边照看孩子，给伴侣工作空间。

(3)定时陪伴

每当工作告一段落或达到一定的时间，我们可以选择陪孩子玩一会，孩子能感受到虽然爸爸妈妈不是无时无刻地陪伴着，但总会有可期待的陪伴时光，满足孩子对父母爱的需求。

99. 远程居家办公如何转移幼儿园时期孩子的注意力？

如果家里正好有精力无穷的学龄前孩子，还可以使用一字真诀，那就是玩！我们可以通过玩来转移孩子的注意力，可以多增加一些可操作性的工作材料，比如搭建类游戏：搭积木、乐高、模型等；艺术类游戏：绘画、唱歌、橡皮泥、做手工等。

100. 远程居家办公期间如何合理制定小学时期孩子的作息时间表？

如果孩子已经上学，我们还可以结合学校的课表，制定孩子居家生活学习安排表，通过增加仪式感，比如就像在学校一样，40 分钟的上课时间，自己在一边上网课做练习，但是要保持安静。每当下课闹铃响起来，孩子可以自由活动一段时间。

如果孩子上课后学校有布置作业，我们可以和他一起在大餐桌上办公，让他也像个小大人似的，假模假式地有“工作”的感觉，你们互不打扰又能相互陪伴，这可谓在家办公的最理想状态了。作为“同事”，你们之间还可以友好地协商：咱们各自专心工作 30 分钟，然后一起玩玩休息会儿，如何？

101. 远程居家办公如何建立与小学时期孩子的陪伴时光？

疫情期间建立和谐的亲子关系对父母来说是一个大的挑战，但这同时也是让孩子更加崇拜父母、信任父母、喜欢父母的一次很好的机会。在陪伴孩子的时候，我们就抛开工作的事情，放下手机，全身心地陪她玩游戏。比如爸爸可以教小孩认识汽车零件，观摩和讲解修车知识；妈妈可以教小孩整理自己的房间、熨衣服和打扫卫生等。

运动可以转移和减轻精神压力和消极情绪。孩子过剩的精力、大人堆积的压力都可以通过运动得到一定的缓解，家长可以陪孩子一起跳绳、做仰卧起坐、做室内操等，给予孩子情绪宣泄的机会，有助于平复孩子因居家积累的不良情绪。

102. 家有中学生，远程居家办公如何协调与孩子的相处时间？

作为中学生，建议让孩子规划好自己的学习日程。家长可以建议孩子根据学校的课程安排，制定自己的作息时间表，有规律地“上课”和休息。不能因为在家里，就没有了“时间”观念。

作为家长，需要做的是监督孩子的学习情况，及时与学校的老师、同学保持联系，及时跟进老师的学习进度及具体的学习任务。

同时，家长也要及时关注孩子在线学习遇到的困难，接纳孩子线上学习和线下学习效率的差异，积极主动沟通了解并尝试解决，必要时支持孩子主动请教老师、询问同学。在这个特殊时期，家长一定要与学校的老师紧密合作，对孩子进行有效的管理，进而提高孩子的自我管理水平。

103. 什么是工作与生活物理界限不清，如何解决？

物理界限不清是指，当你把工作场合设置在客厅的沙发上，若你的自制力与专注力不达标，会容易被客厅电视等电子设备吸引诱惑，难以集中精力办公；即使你自制力较强，在非独自居住的情况下，家人在做各种事的时候难免会经过客厅，会对工作造成干扰。没有在家中划分出明确的工作场合、工作场合与生活场合交错、无明显区分界限等，这都属于物理界限不清。

对工作与生活空间做出明确物理划分，首先要做的就是选择一个适合的工作空间，尽量避开客厅、厨房等生活设施布置较多、更偏向于家人活动区域的空间，选择一个与家人日常活动区域不冲突，且最好是一个与其他空间有门等实体隔离界限的明确空间，类似房间独立的书房，家中没有书房的可以选择在个人卧室开辟一个独立空间角，或与厨房有隔离装置的餐厅进行工作。

104. 什么是工作与生活情感界限不清，如何解决？

情感界限是最难以处理的一种界限。例如，一个人在公司上班时身处办公室，周围也都是一样工作的员工，包围在工作氛围中更容易心无旁骛地工作；而居家办公时，由于家庭环境影响，员工会不由自主地担心孩子的状况、关心出门采买或遛弯的父母、思考家人回家的时间和安全性等，从而无法专心致志从事工作，这都是由于情感界限得不到妥善划分处理而出现的问题。

①在处理好物理界限的基础上，你所选择的工作场地要布置尽可能少的与工作无关的东西，尽量避免“触景生情”的可能性。②在工作区域的装修布置上，尽可能地仿造你日常工作的办公室布置，相似的布置会使你产生身处办公室办公的错觉，也就更容易专心投入工作。③在进行居家办公前与家人约定好，告知家人你的工作时间，在工作时间内互不干扰，同时也保证家人尽量不发出对工作产生较大影响的声音、不去你的工作空间。

105. 如何理解远程居家办公中工作与生活时间界限不清？

时间界限，即能够为每一件事确定清晰的完成时间范围。例如某位居家办公的员工规定自身在下午两点到五点半从事工作，并安排好具体的时间段和所需要完成的具体任务，在五点半到六点完成接孩子放学回家，在六点到七点之间烹饪晚饭并吃晚餐，七点到九点继续完成工作，这即为时间界限。在居家办公中，许多人常常不能为每一件事划分明确的时间界限，只是简单规定自己下午工作完去接孩子，接完孩子继续工作，这样不仅容易造成工作拖沓不能按时完成，还可能会出现接送孩子迟到不及时等问题。

同时，居家办公时没有明确的上班打卡时间，不需要早起出门赶地铁，也没有明确的下班时间，这是划分工作与生活时间界限时需要考虑到的问题。

106. 远程居家办公需要与线下办公作息安排保持一致吗？

居家生活与办公室工作都有着各自的作息安排，而当二者交融你会选择怎么安排？这个问题实质上就是居家办公的时间安排问题。想要提高居家办公效率，不受到生活因素的干扰，就要处理好工作与生活的时间界限，具体处理方式有以下几项。

(1)采用制订计划与时间表并坚持执行的方式解决问题。创建一个与公司日常运营模式相一致的时间计划表，时间计划表大体上可与正常上下班办公时的要求一致，或根据具体家庭情况、当天任务量等作适当调整，每天坚持并遵循下去，以明确的时间界定约束自己。

(2)例如你在公司办公时上午八点到十二点、下午两点到六点为工作时间，在家同样可以将早晨八点定为工作开始的时间，由此可以定早晨七点半为起床时间，中午十二点时结束上午的工作，若下午五点孩子放学需要接孩子回家，可以自由调整将中午进餐时间调整为十二点到十二点半，下午一点到四点半为工作时间，四点半后接孩子回家，将缺少的半个小时补在傍晚的时间段里。

(3)根据时间计划表在时间节点设定相应的闹钟，防止因一心工作没有及时看时间等原因耽搁下一事项的及时完成。

(4)邀请家人或朋友帮助划分并执行时间界限。部分人的自制力不够强，哪怕制定了时间计划也无法按时完成，此时可以将你的时间计划表复制交给家人或亲近的朋友，请他们在时间节点提醒你。例如你制订计划为早晨七点半起床，可以邀请家人早上在这一时间点将你叫醒。

107. 远程居家办公如何进行工作场合的选择与划分？

居家办公也需要有自己固定的“办公室”，你更偏向于随时随地走到哪里就在哪里办公还是偏向于选择固定区域作为办公点？你更想要在空间较大的厨房餐厅办公还是在安静的个人书房办公？这些都是选择居家办公场所时需要处理的问题。居家办公并非居家休闲，可以随时随地做自己想做的事情，居家办公也与办公室办公相同，需要划分一个固定的个人工作区域，与家人互不干扰才能进行有序有效的工作，而居家办公场合的选择与划分标准则有以下几点：

(1)办公室需要选在一个具有严谨氛围、布置有条不紊、简单又宽敞明亮的位置。如果家里有书房，书房就是临时办公室的第一选择，如若没有，可以选择厨房餐厅的餐桌。应避免选择在沙发、床、毛绒地毯等位置上进行工作，这在一定几率上会使人放松神经，难以集中注意力从而降低工作效率。

(2)如果条件允许，把生活空间划分为不同模块。例如把家庭办公室用于重大项目，把厨房用于打电话，把后院用于开会。这样能够避免在同一个空间待得过久导致难以集中注意力，同时也可以通过移动到不同的区域办公来帮助你提升活动量。

108. 远程居家办公如何进行工作区域的布置？

(1)清除“办公桌”上与所从事工作所需无关的杂物等。

(2)采取一些有条件做到的和常规办公室相同的布置，放置电脑、电话、笔和纸、文件整理盒等。

(3)选择一个亮度合适且适合眼睛的灯泡，最后因为居家办公对大部分工作而言需要久坐，需选择舒服且高度适宜的坐椅坐垫。

(4)科学研究表明，在室内放置绿植不仅可以净化空气、美化环境，还能够带给人们更好的心情，提高人们的工作效率。因此，可以选择在桌旁或临近窗台摆放合适的绿植。

(5)如果你的工作需要的杂物较多，可以在桌上放置小型的杂物摆放架，或是在桌旁放置较大的架子用以摆放杂物。

109. 远程居家办公如何进行工作环境的布置？

心理学研究结果表明，不同的色彩甚至同一色彩的不同饱和度、敏感程度等会对人的心情与行为造成不同的影响，居家办公环境中不同色彩的搭配会对工作效能产生不同的影响。

(1)红色可以提升人们的体能表现，带给人勇气、力量、温暖和精力。因此，如果你的工作跟体能相关，如体育教师、健身教练等，可以在工作环境中增加红色的物件。然而红色需谨慎使用，在红色成分较多的环境中待久了会产生视觉疲劳。

(2)黄色能够让人保持乐观，充满自信，给人带来积极、信心与创造力。如果你的工作需要创意思考，可以多使用亮黄色的布置。蓝色令人感到舒缓、放松，有助于让头脑平静，集中注意力，有助于清晰理性的交流。

(3)如果你的工作需要专注，可以在工作空间中增加蓝色物件。绿色位于色彩光谱的中心，可以给人镇定、和谐、平衡的感受，有助于人的恢复与休息。

(4)如果你喜欢在平和的气氛中工作，绿色是个合适的选择，同时绿色也能够保护眼睛的健康。

(5)阅读工作时的标准灯光为300~350XL，在壁纸亮度与电灯亮度的选择上，需要具体综合考虑家中工作场地的自然光亮度、个人的眼睛健康、灯具的色温、不同灯具的组合效果、个人喜好等情况综合选择。

110. 如何做好远程居家办公时期的调节与放松?

(1)在办公桌一侧放置小型蓝牙音箱，在每完成一项任务或感到疲惫劳累的时候，放一些舒缓的轻音乐，进行5到10分钟的放空休息。

(2)每隔1个小时左右起身简单活动，伸展四肢或伸个懒腰，喝一杯白开水或咖啡，切勿久坐不动造成腰部损伤。

(3)工作时间外：每天规定一定的时间段外出，在做好防护措施的前提下在小区内或邻近河堤附近散散步，15分钟到半小时最为合适，最好安排在晚饭过后。

(4)在午饭后30分钟到1个小时进行午睡，最佳午睡时间为半个小时。避免午饭后立刻午睡，因为午饭后胃内充满尚未消化的食物，此时立即卧倒会使人产生饱胀感。

111. 远程居家办公时期如何锻炼身体提高身体素质?

员工工作时需要一直面对电脑，而久坐会对腰椎造成一定的伤害。为了避免养成职业病，人们可以选择每一小时起身在客厅踱步一圈，伸展四肢，饮用白开水及时补充水分，也可根据自身工作性质等自由调节时间安排；在家中购置小型健身器材，或依据自身偏好及身体素质情况选择健美操、健身操等，每天固定时间段进行运动；若习惯在健身房运动，可根据工作时间安排，在工作完成后的空置时间段到健身房锻炼身体，记得做好防护工作。

112. 远程居家办公期间，有哪些适合所有人的运动？

(1) 慢跑

能够帮助保持良好的心脏功能，防止心脏功能衰退，预防肌肉萎缩、冠心病、高血压、动脉硬化、肥胖症等。速度不宜太快，要保持均匀速度，时间不少于 20 分钟，每周不少于 4 次。

(2) 快步行走

运动者依据自身健康情况、体力、年龄和习惯，选择适合的强度与速度，每次步行持续不少于 20 分钟。

(3) 游泳

游泳能够帮助匀称地发展肌肉，增强耐寒能力。锻炼心肺功能，促进新陈代谢。

(4) 爬楼梯

初练者可以从慢速并持续 20 分钟开始，随着体能的提高，逐步加快速度或延长持续时间。当能够坚持 30~40 分钟后，可以逐步过渡到跑、跳或多级跨楼梯。一定要注意热身，防止关节损伤。

(5) 骑行

初始者一般应达到每分钟蹬车 60 次；对于有一定基础的锻炼者，每分钟蹬速可为 75~100 次。每次锻炼的时间 30~50 分钟为宜，每周不少于 4 次。

113. 远程居家办公期间，有哪些适合男性的运动？

(1) 篮球

可以锻炼脑部的思考和判断能力，也可训练眼睛视力及耳朵听力的敏感度；可训练全身的肌肉活动及肌肉力量，同时也能训练耐力，改善体形。

(2)俯卧撑

建议30个一组，动作要标准，一次4组左右。可以练习肱三头肌。

(3)引体向上

可以在家的门框上进行。一组12~14个，进行6组。

(4)练器械

对于有条件去健身房或能够采用健身器材健身的男性，则需具体根据相关专业人员的建议采购并使用健身器材进行锻炼。

114. 远程居家办公期间，有哪些适合女性的运动？

(1)瑜伽

适当地练习瑜伽动作，能够调节生理平衡，还可以减压，促进新陈代谢和血液循环，保持良好的身材。

(2)舞蹈

跳舞能够放松自己，增加身体的柔韧性。

(3)跳绳

可以去空旷的地方跳绳，腿部运动剧烈，消耗大量的能量。也可进行间歇跳绳加速燃脂，但需注意提前热身。

(4)仰卧起坐

去除体内堆积的脂肪，增强腰力。

(5)羽毛球

锻炼全身肌肉，能锻炼自己的眼力，脑力等。

(6)尊巴(Zumba)

融合了桑巴、恰恰、萨尔萨、雷鬼、弗拉门戈和探戈等多种南美舞蹈形式。将音乐与动感易学的动作还有间歇有氧运动融合在了一起，全方位锻炼。

115. 居家期间“刘畊宏男孩女孩们”注意事项有哪些？

(1)运动前要热身，没有充足的热身，容易造成肌肉痉挛、肌肉拉伤等后果。运动过量导致乳酸堆积，出现腰酸背痛等软组织劳损。

(2)平衡及协调功能不好的人建议调整运动项目，“刘畊宏毽子操”容易让其摔跤，造成关节扭伤甚至骨折等严重后果。

(3)健身要量力而为，健身知识缺乏或基础运动能力差的人，一开始很难跟上高强度、高难度的训练，勉强跟上在训练期间也容易出现动作变形、发力不正确等问题，这样轻则导致训练效果打折扣，重则导致受伤。

116. 有哪些适合居家期间使用的健身平台或 APP？

(1)Keep(适合新手制订训练计划、寻找教程)

(2)薄荷(适合女性制定健身计划与健康饮食计划)

(3)咕咚(跑步软件)

(4)push ups(适合男性塑造肌肉)

(5)每日瑜伽

(6)视频运动(周六野、帕梅拉等)

第七章　远程居家办公疫情防控与卫生防护

117. 疫情期间远程居家办公的重要性

随着科技的进步和互联网的普及，远程居家办公成为一种新型办公模式。而此次新冠肺炎疫情的突然爆发，使得企业员工无法进行线下聚集办公。随着疫情逐渐常态化，社会上存在着大量无症状的密切接触者或潜在病人。远程居家办公方式，通过物理上的隔绝，减少了人员的流动，有效避免了员工与新冠肺炎病患的接触，降低了感染风险，更避免形成二代和三代病例。

118. 在家如何防控新型冠状病毒？

(1)注意心理平衡，调节情绪，正确、从容应对疫情。

(2)增强卫生健康意识，适量运动、早睡早起提高自身免疫力。

(3)保持良好的个人卫生习惯，咳嗽或打喷嚏时用纸巾掩住口鼻，勤洗手，不用未清洁的手触摸眼睛、鼻或口。

(4)居室多通风换气，勤消毒，保持整洁卫生。

(5)家庭成员不共用毛巾，马桶盖盖上冲水。

(6)尽可能避免与有呼吸道疾病症状(如发热、咳嗽或打喷嚏等)的人密切接触。

(7)尽量避免到人多拥挤和空间密闭的场所，若必须去，要正确佩戴有效防护口罩。

(8)避免接触和食用野生动物，正规渠道购买家禽家畜及其制品，并正确烹食。

(9)密切关注发热、咳嗽等症状，出现此类症状一定要及时就近就医。

119. 远程居家办公期间必要外出时，如何正确佩戴口罩？

选择一次性医用外科口罩、N95 口罩中适合自己的型号以保证密闭性。其中孕妇、老年人及慢性病患者应根据身体状况，在专业医师的指导下合理佩戴口罩；儿童应选择正规的儿童防护口罩。

一次性医用外科口罩有里外之分，浅色面贴脸，深色面朝外；鼻夹朝上，上下拉开褶皱，使口罩覆盖口鼻；沿鼻梁按压金属条，使其紧贴鼻梁；调整口罩，贴合面部。一次性医用外科口罩使用时限一般不超过4小时，一般公众可根据口罩的清洁度适当延长使用时限。注意佩戴前洗手，摘取时不触碰口罩内外面，并将口罩悬挂在通风处。医用防护口罩不能清洗，也不可使用消毒剂、加热等方法进行消毒。

120. 远程居家办公如何进行消毒？

根据《新型冠状病毒感染的肺炎诊疗方案(试行第五版)》，病毒对紫外线和热敏感，56℃下加热30分钟、乙醚、75%乙醇(酒精)、含氯消毒剂、过氧乙酸和氯仿等脂溶性溶剂均可有效灭活病毒，氯己定不能有效灭活病毒。以下为具体消毒方法和适用物品：

(1)酒精：可使用75%医用酒精擦拭或浸泡，进行皮肤消毒。

(2)蒸笼：从沸腾开始20分钟即可达到消毒目的，适用于消毒餐具、衣物和包扎伤口的纱布。

(3)煮沸：耐热物品如餐具、某些玩具、奶瓶等小件物品，可采用煮沸15分钟的方法进行消毒。

(4)天然紫外线：天然紫外线就是太阳光，适用于空气、衣物、毛绒玩具、被褥等。

(5)空气清洁：保持室内空气清洁，户外空气质量较好时，早中晚都可通风，每次时间在15~30分钟；户外空气质量较差时，通风换气频次和时间应适当减少。

(6)高锰酸钾溶液：使用5%高锰酸钾可消毒餐具、蔬菜和水果，浸泡1分钟之后用干净饮用水再冲洗一遍即可。

(7)漂白粉：在桌椅、床、地板、墙面等使用1%~3%漂白水(漂白粉加清水)，用抹布擦拭即可达到消毒目的。

(8)消毒液：消毒液含氯，能有效消毒杀菌，直接稀释之后装在塑料壶里即可进行消毒杀菌，但需要注意避开食物和餐具。适用于桌椅、床、墙面、地板等。

注：以上操作除皮肤消毒，都应佩戴一次性手套进行，操作前后进行手部清洗。

121. 疑似症状如何自我评估？

新型冠状病毒引起的肺炎起病以发热为主要表现，可合并轻度干咳、乏力、呼吸不畅、腹泻等症状，流涕、咳痰等症状较少。部分患者起病症状轻微，可无发热。严重者可能出现急性呼吸窘迫综合征、脓毒症休克、难以纠正的代谢性酸中毒、出凝血功能障碍等症状。见表7.1。

表7.1　　新型冠状病毒性肺炎与普通感冒、流行性感冒的区别

	呼吸道症状	全身症状	其他
普通感冒	自觉上呼吸道症状重；鼻塞、流鼻涕、打喷嚏	轻；无明显全身不适症状	体力、食欲基本正常
流行性感冒	发病急、症状重、进展快；上下呼吸道都有可能波及，可能引起肺炎	常伴有发热，可达39℃；头痛、关节痛、肌肉酸痛明显	乏力、食欲差
新型冠状病毒肺炎	干咳为主，少数患者伴有鼻塞、流涕、咽痛等；重型病例多在一周后出现呼吸困难	多为轻度或中度发热	乏力常见，可伴腹泻

居家办公期间若体温超过37.3℃，出现类似干咳、乏力等症状，如果无明确流行病学史，无其他症状者，不要惊慌，可以居家观察或到就近社区医院就诊，并继续观察体温动态变化。如果病情进一步恶化，可以到各医院的发热门诊或定点医院做进一步检查。就诊途中尽量选择开车、骑车、步行等相对独立的交通方式，避免搭乘公共交通工具。

122. 宠物是否会携带和传播新型冠状病毒？

新型冠状病毒来源于野生动物，目前暂无证据证明会传染家养畜禽或宠物；而宠物猫、狗等携带的动物冠状病毒也暂无证据表明会传染给人。所以，家养畜禽、宠物者不必太担心，更不必随便宰杀畜禽或遗弃宠物。与宠物接触后，用肥皂水洗手可以显著减少其他常见细菌在宠物和人类之间的传播。不要将来历不明的动物，尤其是野生动物作为宠物。

123. 疫情期间，快递、超市买来的物品、外卖安全吗？是否需要消毒？

(1)新型冠状病毒离开人体单独存活的时间有限，选择无接触方式收取快递，快递发到你手中，物体表面残留新型冠状病毒的可能性相对较低，消毒后可以正常收取。可进行快递表面喷洒酒精的方式消毒，或打开并弃去包装，然后及时正确洗手。

(2)出门逛超市，要注意个人防护；超市买来的物品不需要进行消毒，勤洗手即可，不用过度紧张。

(3)疫情期间，无接触送取外卖本身是安全的，要勤洗手，做到打开包装后洗手用餐。但是要选择正规的店家，确保使用的肉食、生鲜是经过检疫的，烹饪方法是正确的，制作加工过程是卫生、合规的。

124. 新型冠状病毒性肺炎流行期间，如何注意饮食？

(1)饮食规律，营养均衡，提高身体免疫力。

(2)不要食用野生动物及其制品。

(3)不要食用已经患病的动物及其制品，要从正规渠道购买冰鲜禽肉，食用禽肉蛋奶时要充分煮熟。

(4)处理生食和熟食的切菜板及刀具要分开。处理生食和熟食之间要洗手。

(5)即使在发生疫情的地区，如果肉食在食品制备过程中予以彻底烹饪和妥善处理，也可安全食用。

125. 居家办公如何进行新型冠状病毒自测？

社区居民有自测需求的：可通过零售药店、网络销售平台等渠道，自行购买抗原检测试剂进行自测。为确保采样检测质量，需认真阅读说明书，按照规定的要求和流程，规范地进行采样、加样、结果判读等操作。操作流程见图 7.1。

若自我检测抗原结果阳性，不论是否有呼吸道、发热等症状，应当立即向所在社区报告。若结果为阴性，无症状的可密切观察，需要时再进行抗原检测或核酸检测；有症状的，尽快前往设置发热门诊的医疗机构就诊，进行核酸检测。

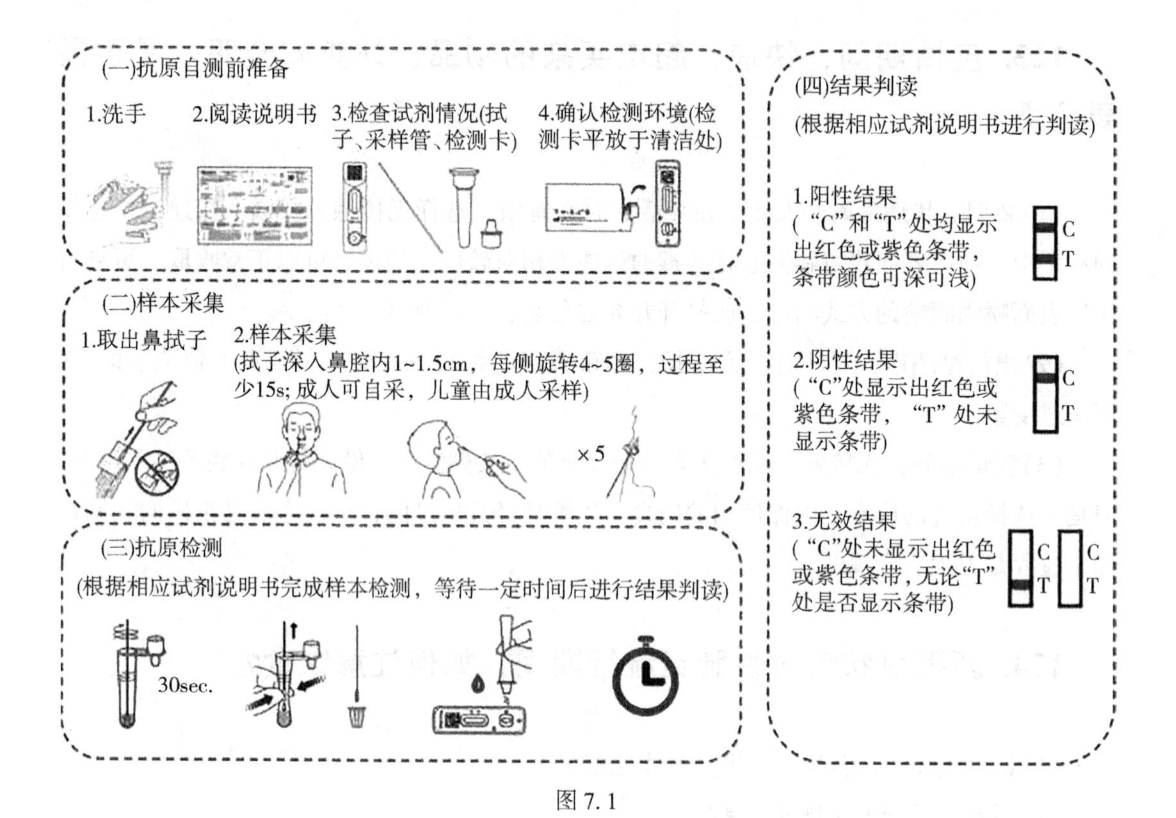

图 7.1

126. 什么是新型冠状病毒“德尔塔”变异株和“奥密克戎”变异株?

新型冠状病毒(英文简称 SARS-CoV-2 或 2019-nCoV，以下简称新冠病毒)属于 β 属冠状病毒，对紫外线和热敏感，乙醚、75%乙醇、含氯消毒剂、过氧乙酸和氯仿等脂溶剂均可有效灭活病毒。

“德尔塔”变异株是由新冠病毒 B. 1. 617. 2 变异株进一步变异形成。

“奥密克戎”变异株是 2021 年 11 月 26 日世界卫生组织将其定义为第五种“关切变异株”(VOC)，取名希腊字母 Omicron(奥密克戎)变异株。

127. “德尔塔”变异株和“奥密克戎”变异株有哪些区别?

“德尔塔”变异株与“奥密克戎”变异株的区别见表 7.2。

表 7.2　“德尔塔”变异株与“奥密克戎”变异株的区别

<table>
<tr><th colspan="3">新型冠状病毒认知</th></tr>
<tr><th></th><th>“德尔塔”变异株</th><th>“奥密克戎”变异株</th></tr>
<tr><td rowspan="2">症状</td><td rowspan="2">早期发烧症状比例较低，很多患者仅表现为乏力、嗅觉障碍、轻度肌肉酸痛等。</td><td>感染者症状相对较轻。主要症状是发热、干咳、喉咙痛、头痛、乏力、鼻塞等。</td></tr>
<tr><td>研究表明，奥密克戎变异株感染者到医院就诊、住院以及重症的风险与其他毒株感染者相比均明显降低。</td></tr>
<tr><td rowspan="5">特点</td><td>传播速度快：防控稍不及时，呈跨省传播。</td><td>传播能力更强：潜伏期较短，传播代际时间短，已成为全球优势流行株。</td></tr>
<tr><td>传播能力强：潜伏期和传代间隔均有所缩短。</td><td>“免疫逃逸”能力更强：会导致新冠病毒疫苗的保护率下降。</td></tr>
<tr><td>病毒载量高：病毒在体内快速复制，病人呼出气体毒性大。</td><td>再感染风险增加：有关研究表明，既往感染新冠病毒后再感染“奥密克戎”变异株的风险是再感染其他变异株的 5 倍以上。</td></tr>
<tr><td>症状不典型：早期发热症状比例较低，很多患者仅表现为乏力、味(嗅)觉减退、轻度肌肉酸痛等。</td><td>症状不典型：病例分型主要以轻型和普通型为主，症状也相对较轻，患者影像学改变不典型。</td></tr>
<tr><td>治疗时间长：患者容易发展为重症，转阴时间长。</td><td>传播过程更为隐蔽。</td></tr>
<tr><td>传染源</td><td colspan="2">传染源主要是新冠病毒肺炎确诊病例和无症状感染者。在潜伏期即有传染性，发病前 1~2 天和发病初期的传染性相对较强。</td></tr>
<tr><td>传染途径</td><td colspan="2">经呼吸道飞沫和密切接触传播是主要的传播途径。在相对封闭的环境中经气溶胶传播。接触被病毒污染的物品也可造成感染。</td></tr>
</table>

128. 面对新冠病毒奥密克戎变异株，公众在日常生活工作中需要注意哪些？

(1)戴口罩仍然是阻断病毒传播的有效方式，对于奥密克戎变异株同样适用

即使已经完成全程疫苗接种和接种加强针的情况下，也同样需要在室内公共场所、公

共交通工具等场所佩戴口罩。此外，还要勤洗手和做好室内通风。

(2)做好个人健康监测

在有疑似新冠肺炎症状，例如发热、咳嗽、呼吸短促等症状出现时，及时监测体温，主动就诊。

(3)减少非必要出入境

短短数天时间，多个国家和地区陆续报告奥密克戎变异株输入，我国也面临该变异株输入的风险，并且目前全球对该变异株的认识仍有限。因此，应尽量减少前往高风险地区，并加强旅行途中的个人防护，降低感染奥密克戎变异株的机会。

129. 新冠病毒疫苗有必要接种吗？

有必要。一方面我国几乎所有人都没有针对新冠病毒的免疫力，对新冠病毒是易感的，感染发病后，有的人还会发展为危重症，甚至造成死亡。接种疫苗后，一方面绝大部分人可以获得免疫力；另一方面，通过有序接种新冠病毒疫苗，可在人群中逐步建立起免疫屏障，阻断新冠肺炎的流行。要尽早恢复到正常的生活，接种疫苗是目前的最佳选择。

中国疾病预防控制中心免疫规划首席专家王华庆表示：如果大家都把接种疫苗往后拖，那么免疫屏障就永远建立不起来，我们想摘掉口罩的愿望可能就不会实现。如果大家接种得快，这个屏障可能就会早一天到来。

130. 接种疫苗可能会出现什么不良反应？出现不良反应要怎么办？

(1)常见的不良反应主要集中在几个方面：接种部位局部疼痛、出现红晕或者硬结，全身乏力、发热、头痛，另外还有一些人有咳嗽、食欲不振、呕吐、腹泻等常见的不良反应。

(2)完成接种之后，要在接种现场留观30分钟，没有异常情况才可以离开。

(3)回家后如出现发烧不退或持续不舒服，要向接种点报告并及时就医。

131. 目前接种的新冠病毒疫苗是否对变异病毒有效？

疫苗研发企业针对当前收集到的国内外变异株，开展疫苗免疫血清的交叉中和能力测试和评估，未发现我国附条件上市的新冠病毒疫苗对变异株的中和活性有明显下降，也未发现对变异株的保护率产生明显的影响。

根据世界卫生组织最新发布的信息，从全球对新冠病毒变异的监测情况看，尚无证据证明病毒变异会使现有的新冠病毒疫苗失效。

132. 常见的呼吸道疾病有哪些？

(1)肺炎

终末气道、肺泡和肺间质的炎症，可由病原微生物、理化因素、免疫损伤、过敏及药物所致。细菌性肺炎是常见的一种肺炎，同样也是最常见的一种感染性疾病，而患上细菌性肺炎的患者则会出现咳嗽、咳痰以及胸痛和发热、呼吸困难等症状。

(2)急性气管支气管炎

由生物、物理、化学刺激或过敏等因素引起的气管-支气管粘膜的急性炎症。主要症状：咳嗽和咳痰。常见于寒冷季节或气候突变时，也可由急性上呼吸道感染蔓延而来。

(3)肺结核

由结核杆菌通过空气飞沫传播所致的严重危害人类健康的主要呼吸道传染病。具有高感染率、高患病率、高死亡率，是我国目前急需重点控制的疾病之一，主要症状为咳嗽、咳痰、咯血、胸痛、呼吸困难、午后潮热、乏力、盗汗等。

(4)急性上呼吸道感染

分为普通感冒(俗称伤风)、病毒性咽炎和喉炎、疱疹性咽峡炎等。发病率高、一般病情较轻、较易预防，具有一定传染性。冬春季节多发、主要通过含有病原体的飞沫或被污染的手和用具传播，多为散发，但可在气候突变时流行。主要临床表现为喷嚏、鼻塞、流清水样鼻涕，有些有发热，伴以咽喉痛、扁桃体肿大等。

(5)流行性感冒

流感病毒引起，发病率高，易爆发流行。主要症状为：急起高热、乏力、肌肉酸痛。患者为传染源，主要通过接触及空气飞沫传播，冬春季多发，人群普遍易感。

133. 如何预防呼吸道传染病?

(1)勤洗手。使用肥皂或洗手液并用流动水洗手，不用污浊的毛巾擦手。双手接触呼吸道分泌物后(如打喷嚏后)应立即洗手。

(2)保持良好的呼吸道卫生习惯。咳嗽或打喷嚏时，用纸巾、毛巾等遮住口鼻，咳嗽或打喷嚏后洗手，避免用手触摸眼睛、鼻和口。

(3)增强体质和免疫力。均衡饮食，适量运动，作息规律，避免产生过度疲劳。

(4)注意保暖，避免受凉。

(5)保持环境清洁和通风。每天开窗通风数次，保持室内空气新鲜。

(6)减少到人群密集场所活动，避免接触呼吸道感染患者。

(7)免疫预防。流行季节前可到防疫站或正规医院进行相应的预防接种，如流感、肺炎等疫苗。

(8)早发现、早治疗。如出现呼吸道感染症状如咳嗽、流涕、发热等，应居家休息，及早就医。

134. 居家常见慢性病有哪些?

(1)高血压

高血压病可分为缓进型和急进型。缓进型高血压较为常见，早期多无症状，偶尔体检时发现高血压，或在精神紧张、情绪激动或劳累后有头晕、头痛、眼花、耳鸣、失眠、乏力、注意力不集中等症状。早期高血压仅暂时升高，随病程进展，血压持久增高。急进型高血压(恶性高血压)占高血压的10%左右，多见于青年和中年人；可出现心、肾衰竭，高血压脑病，病人多死于尿毒症；临床上所称“高血压危象”，是指血压急剧升高引起的严重临床表现，主要为恶性高血压和高血压脑病。

(2)心肌梗死(AMI)

心肌梗死是指心肌缺血性坏死，临床表现为胸骨后剧烈疼痛、发热、白细胞有所变化等。其跟长期饮酒、吃油腻食物有关，这两种因素会导致血管管腔逐渐狭窄而出现心肌供血不足，发展到严重的阶段就是心肌梗死，死亡率可以达到50%。虽然心肌梗死发病急，但是都是逐渐积累的。

(3)超重或腹型肥胖

体质指数(BMI)=体重(kg)/身高^2(m)

中国标准：

消瘦：低于18.5

正常：18.5~23.9

超重：24~27.9

肥胖：28以上

腹型肥胖腰围：男>90cm　女>85cm

(4)颈椎病

又称颈椎综合征，是由于颈椎长期劳损、骨质增生，或椎间盘脱出、韧带增厚，致使颈椎脊髓、神经根或椎动脉受压，出现一系列功能障碍的临床综合征。长期低头看文件、写字或操作电脑，使颈部长期处于一种姿势，导致颈部肌肉韧带劳损，椎体骨质磨损、增生等而发生颈椎病。

(5)冠心病

是常见的心血管系统疾病，是冠状动脉粥样硬化，使血管腔阻塞，导致心肌缺血缺氧而引起的心脏病，它和冠状动脉功能改变(痉挛)，统称为冠状动脉粥样硬化性心脏病，简称冠心病，也称为缺血型心脏病。冠状动脉不论有无病变，都可发生严重痉挛，引起心绞痛、心肌梗死甚至猝死。但有粥样硬化的冠状动脉，更可发生痉挛。

(6)失眠和内分泌紊乱

居家长期在电脑面前办公产生的电磁辐射、久坐不动等，都会延缓人体的正常代谢，使毒素囤积体内，造成抵抗力下降、失眠，女性内分泌紊乱等症状。

135. 如何预防慢性病?

慢性病通常的治疗方式都是长期药物治疗，但是可防可控的，关键是要预防。预防就要从养成健康的生活方式入手。

(1)戒烟限酒

(2)适量运动

体育锻炼过少和日常活动的减少是慢性病发生的首要因素。适当进行体力劳动或体育锻炼，燃烧体内脂肪，增加血液循环，改善体内代谢。

(3)合理膳食

多喝水，多吃水果蔬菜，荤素搭配营养均衡，少吃油和盐，吃东西不过量。

(4)心态平和

调整心态，保持平静和快乐的心情。

136. 居家常见突发性疾病有哪些？应该怎样处理？

(1)流行性感冒

①流行性感冒是由流感病毒引起的一种急性呼吸道传染病。潜伏期一般为1~7天，多为2~4天。

②症状：经常是突然起病，有畏寒高热，体温可以达到39到40摄氏度，多伴有头痛、全身肌肉关节酸痛，极度乏力、食欲减退等全身症状，常有干咳、鼻塞、流涕、胸口不适、面部潮红。

②措施：症状轻时，注意保暖，喝热水发汗，饮食清淡，适当运动，提高身体免疫力。症状严重时及时就医，谨遵医嘱，按时服药，没有并发症的话，多于发病3到4天后高热逐渐消退，全身症状好转，但是咳嗽可能会持续一段时间

(2)中暑

①中暑是在高温和热辐射的长时间作用下，机体体温调节障碍，水、电解质代谢紊乱及神经系统功能损害的症状的总称。

②症状：可出现皮肤苍白、心慌、恶心、呕吐等症状，如果不及时处理，还会出现高烧、抽搐、昏迷等严重后果。

③措施：中暑时应将患者迅速转移至阴凉通风处，保持安静休息。解开衣服用冷毛巾擦身、敷头部，以迅速降低体温。可让中暑患者喝淡盐水、清凉饮料等。严重中暑患者会

出现神志不清、抽搐等症状，应保持患者呼吸道畅通，立即送往医院救治。

(3)中风

①中风，也称脑卒中。发病率高，死亡率高，致残率高，复发率高，并发症多。

②症状：猝然昏倒，不省人事，伴发口眼歪斜，语言不利，半身不遂或无昏倒而突然出现半身不遂。

③措施：首先保持安静。如果病人是清醒的，要注意安慰病人，缓解其紧张情绪。不要摇晃患者，尽量少移动患者，尽快呼叫急救车。保持呼吸道通畅，应使病人仰卧，头偏向一侧，防止痰液或呕吐物回流吸入气管造成窒息。如果病人口鼻中有呕吐物阻塞，应设法抠出，保持病人的呼吸道通畅。松开患者衣物，如有义齿要取出。起病时禁止喂药、进食、喝水。

(4)肠胃炎

①肠胃炎也叫胃肠炎，通常指急性胃肠炎。起因一般有：进食不洁食物、进食过期的食物、进食被细菌或者是病毒污染了的食物；此外，日常生活中着凉、感染某些细菌或病毒等也会导致患者患急性胃肠炎。

②症状：腹泻、恶心、呕吐及腹痛。严重者由于呕吐出现脱水、电解质紊乱、休克、败血症等。

③措施：腹泻、呕吐严重者若出现脱水、电解质紊乱，可适当服用5%～10%的葡萄糖淡盐水；到医院进行血常规、大便常规等检查，根据检查结果药物治疗。期间吃清淡、软烂、温热的食物，避免进食肥肉、油炸、生冷坚硬的食品。

(5)心绞痛

①心绞痛是冠心病引起的一个急性发作症状，由于冠状动脉粥样硬化使心肌血管变窄、血流量减少，此时，若再遇到劳累、运动、情绪激动紧张、用力排便等加重心脏负担的情况，常可诱发心绞痛。

②症状：阵发性的前胸压榨性疼痛，可伴有其他症状。疼痛主要位于胸骨后部，可放射至心前区与左上肢，常发生于劳动或情绪激动时，每次发作3～5min，可数日一次，也可一日数次。

③措施：立即停止一切活动，平静心情，就地采取坐位、半卧位或卧位休息；舌下含服硝酸甘油一片(血压低者不能服用)；疼痛缓解后，继续休息一段时间后再活动；如果疼痛持续不缓解，应及时呼叫救护车。

137. 居家实用的急救常识有哪些?

(1)家庭配备急救箱,放一些必要的急救用具和药品

可包括:

①消毒好的纱布、绷带、胶布,脱脂棉,三角巾。

②体温计、医用的镊子和剪子。

③酒精、紫药水、红药水、碘酒、烫伤膏、止痒露、伤湿止痛膏。

④内服药大致可配置解热、止痛、止泻、防晕车和助消化等类型的药(可根据家人的健康状况和家庭条件配备其他药物和用品)。

(2)可能出现的紧急情况及急救常识

①鼻出血:可用手指捏住两侧鼻翼4~8分钟或用冰水浸湿的棉球填塞鼻腔,压迫止血。鼻出血时仰头可能会使鼻血倒流进入气管引起窒息,是不正确的操作。

②晒伤:出现皮肤红肿、疼痛时可用冷毛巾敷于患处,并适当涂一些润肤霜。若皮肤已有水泡,千万不要挑破,以免继发感染,应到医院进行专业治疗。

③蜜蜂蜇伤:应将残留的毒刺拔出,轻轻挤出毒液,涂一点氨水、苏打水等。若病人出现恶心头晕等异常反应,应立即送往医院救治。

④烫伤:立即用冷水冲洗或冷敷伤处,应持续15分钟以上。不要擅自在伤口处涂药,更不能用酱油、植物油等涂抹伤口。若烫伤处有水泡,不要挑破,可用干净纱布覆盖后送医院处理。

⑤骨折:先将伤肢固定以后,再送往医院,否则骨折断端异常活动,会加重损伤。

⑥自发性气胸:发作时,严禁拍打背部和搬运患者,要让患者处于平卧位。如家中有氧气,应立即吸氧,同时拨打120急救。

⑦出血:维持长时间强有力的直接压迫是最好的止血手段。如果不大可能持续进行徒手压迫,则可替代为弹力绷带止血(需垫纱布)。抬高患肢以减少出血是没有依据的。

⑧牙齿损伤:脱牙后应尽快寻求医疗救助。脱牙1小时内快速回植可大大提高牙齿存活率。等待回植期间,牙齿可置于蛋清、椰子汁、全脂牛奶或受伤患者的唾液中储存(不是口中)。

⑨小腿肚抽筋:紧紧抓住抽筋一侧的脚大拇指,使劲向上扳折,同时用力伸直膝关节,即可缓解。

⑩异物入鼻：不能用手指抠鼻孔，也不能用探针之类的东西捅鼻孔，否则会把异物推向鼻孔深处，造成严重后果。若异物塞进一侧鼻孔，可用纸捻、小草、头发等刺激另一侧鼻孔，使患者打喷嚏，鼻子里的异物会因此被喷出来。如上述方法无效，须立即去医院诊治。

138. 关于急救电话你了解多少？

(1)我国各地的急救电话号码统一规定：120

(2)打“120”报警电话要点

①病人的姓名、性别、年龄，确切地址，联系电话；
②病人患病或受伤的时间，目前的主要症状和现场采取的初步急救措施；
③报告病人最突出、最典型的发病表现；
④过去得过什么疾病，服药情况等；
⑤约定具体的候车地点，地点要具有标志性，容易找到。

139. 在职职工医疗保险报销比例是怎样的？

(1)门诊费用

医疗费用报销起付线2000元，报销的比例是50%。70周岁以下的退休人员，报销起付线1300元，报销的比例是70%。70周岁以上的退休人员，报销起付线1300元，报销的比例是80%。门诊、急诊大额医疗费支付的费用的最高限额2万元。

(2)住院费用

①统筹基金支付的医疗费用报销起付线低于3万元，三级医院报销比例为85%，二级为87%，一级为90%，一个年度内最高报销10万元；

②统筹基金支付的医疗费用报销起付线3万~4万元，三级医院报销比例为90%，二级为92%，一级为95%，一个年度内最高报销10万元；

③统筹基金支付的医疗费用报销起付线4万元至封顶线，三级医院报销比例为95%，二级为97%，一级为97%，一个年度内最高报销10万元；

在职人员的大额医疗互助基金支付的医疗费用报销，报销比例为85%，一个年度内最高报销 20 万元。

140. 职工医疗保险报销流程是怎样的？

(1) 区内定点医疗机构住院现场联网结算

(2) 异地住院患者报销程序

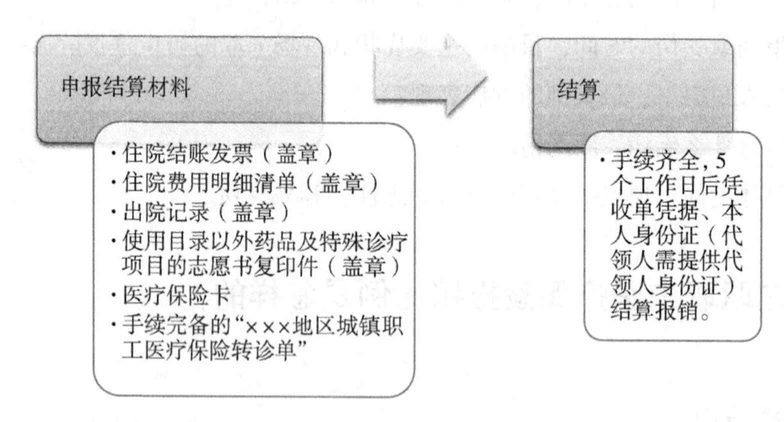

注：每月 28 日至月底暂停报销，次月 1 日起恢复报销。

(3) 门诊重症疾病患者报销程序

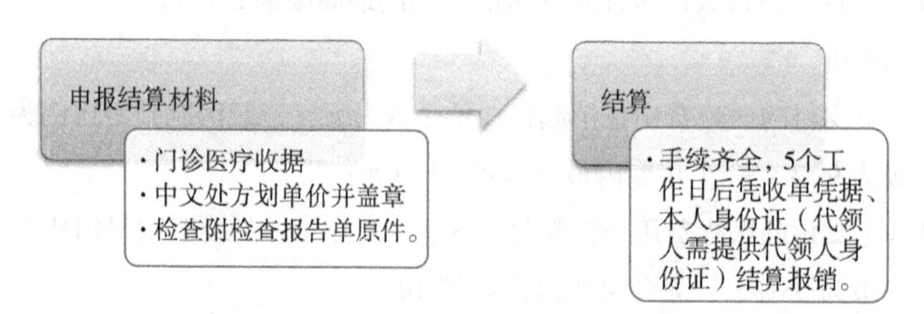

注：高血压和糖尿病门诊重症病人的报销时间：第 1 季度为 3 月份；第 2 季度为 6 月份；第 3 季度为 9 月份；第 4 季度为 12 月份。其他病种的门诊重症疾病患者每月报销 1 次。

141. 2022 年医保报销新政策有哪些?

(1) 降低门诊治疗报销门槛，提高报销比例

2022 年 1 月起，参加城镇职工医保的人员将全面享受门诊医保报销待遇，报销比例 50%起。

(2) 退休人员门诊报销额度高于在职职工

各省对退休人员的报销规定也不尽相同，各地区会根据当地的社会现实调整政策的执行，以最大限度地促进上层建筑对经济基础的提升。

(3) 医保目录变更

调整主要涉及癌症、丙肝、乙肝、高血压、糖尿病等重疾。

(4) 监管地方药品权限变更

规范地方用药，不允许地方政府自行制定医保目录或通过灵活方式增加医保目录内药品，同时不得调整医保目录内药品的限定支付范围。

附：远程居家办公案例——以字节跳动为例

将从企业文化和管理理念、工具以及字节跳动高效办公的最佳实践三大方面对拥有5万员工的字节跳动高效的远程居家办公展开阐述。

(1)字节跳动的企业文化和管理理念是什么?

对于远程居家办公，强调企业的文化和管理理念的原因在于，这是减少远程居家办公的成本和摩擦、提高远程居家办公效果非常重要的“润滑剂”。字节跳动在没有疫情时，就通过大量的远程居家办公进化出与之适应的企业文化和管理理念，因此疫情爆发时才没有出现较大的不适感。字节跳动的文化和管理理念是一个很大的话题，将挑出以下四个关键点介绍：

第一，核心理念。字节跳动有一句话，“像打造产品一样打造一家公司”。打造公司有两种差异很大的模式：一是control，即强管控模式。可以将这类公司比喻为一个超级计算机，其中CEO是最核心的节点，特征是有大量的层级、流程、审批、汇报等，很多传统企业都是如此。二是context，强调分享。context类型的公司是分布式的网状结构，没有一个明显的中心，从拓扑学的角度来讲每一个节点都是平等的。其中，不同的节点连接数目不同，获得的信息也不一样。这样的特征使得企业能够比较充分地吸收内外部信息。譬如字节跳动号召员工在春节返乡时候，调研用户，包括用户喜欢什么、对公司产品是什么感觉、希望公司提升什么等。这些数据，是新的一年中开展业务非常重要的决策参考。同时，context类型的公司能充分激发员工的创造力和责任感。这在远程居家办公的时候，就能发挥很重要的作用。因为每一个独立的个体或小团队，都能够以比较好的参与感和责任感投入工作中，而不需要很强的管控。此外，在网状结构下，每一个团队、每一个节点都能快速地去决策和执行。

第二，在企业内部的规则和审批上，字节跳动是尽可能减少流程，譬如在出差、打车方面，可以直接用统一的平台去进行操作，不需要进行审批。

第三，企业内部也非常弱化层级和头衔，员工在第一天参与入职培训的时候，HR都会明确强调这一点。有的新员工加入后一时半会还不适应，称呼同事为老板或老师，老员工就会给予提示。当习惯以后会非常喜欢这种文化，这会使得员工能够更加自由、开放地去表达想法，为公司增添更多活力，输入更多信息。

第四，内部信息非常透明。在字节跳动内部每个双月有一次 CEO 面对面，CEO 会公开透明地分享公司业务进展。同时，每个双月会让每个团队有一个全面的会议，此外还有周报、日报。这些数据和内容在不同的范围之内，透明地分享给员工，保证每个人都能获得充分的信息。

(2)字节跳动的远程居家办公工具是什么?

要想实现高效的远程居家办公，工具必不可少。字节跳动的远程居家办公工具“飞书”在吸取市面上优秀产品的特点的同时，进行了探索和创新。

第一，将“视频会议”当作同步重要信息及团队状态的窗口。

企业可以通过视频会议来召开常规例会，把画面、声音搬到线上，虽然远在他方，依然能够实现面对面沟通。建议在开晨会时打开摄像头，穿戴整齐，有仪式感地沟通。

第二，使用“协同日历”，规划共同工作时间。

员工可以将每天的日程放在飞书日历上，并让团队看到使用在线日历，这也是对组织资源的管理与确认。用户使用协同日历，可以有效协同日程，规划会议等安排。此外，员工也可以订阅公司的公共日历，获得公司整体的安排，如节假日安排、公共讲座、CEO 面对面等。如果公司有跨国团队，协同日历则可以自动更新工作时区。

第三，“在线文档”可以让效率提升数倍。

目前很多企业还是使用本地文档等协同效率低的线下产品。比如收集疫情信息时，传统的做法是 HR 制作一个表格模板，发给所有员工进行填写。最终，HR 收到几十、上百个表格后，再逐个打开复制粘贴，这非常耗时耗力。现在，HR 通过在线文档，创建一个在线表格，员工在一个表格中就可以实现协作编辑，大幅度地提升效率。如果员工没有带办公电脑，会为远程居家办公带来极大不便，而将文档存储在云端，就不会受到影响。实际上，文件放在云端反而更加安全，可以通过权限进行分享管理，不会担心因为个人的设备丢失，导致出现数据安全问题。飞书在在线文档方面进行了很多创新，譬如员工可以在文档中@ 相关同事，被@ 的人会收到及时通知，进行查看。此外，在线文档中还可以进行投票、评论、插入视频等。

第四，线上办公室。

面对疫情，字节跳动开发了一个新的工具——线上办公室。通过线上办公室，员工可以构建一个共同的线上空间，更接近平时在办公室快速拉人现场沟通的场景，同时发起路径极简，不用建群、不需要事先确认时间和参会人、不会留下任何记录。

(3)字节跳动是如何进行高效远程居家办公的?

第一，通过“飞阅会”进行高效的远程开会

在字节跳动内部有一种比较独特的开会方式，名为“飞阅会”，即通过飞书，基于文档阅读的开会模式。飞阅会参考了一些优秀公司的做法，字节跳动在这些理念之上，通过在线文档进一步进行优化和改良。

飞阅会的开会流程是：

①当决定开会时，会议组织者通过用群日历或订阅参会者的日历找到共同的开会时间。

②开会之前，90%以上的会议不做 PPT，但是需要会议组织者写一个详细的会议文档，其中包括会议的主要目标、具体议题、相关背景以及一些相关的参考资料和链接。把文档先发到群里，参会者进行 10~20 分钟的默读。

③在阅读会议文档的过程中，参会者可以通过在线评论的方式进行互动。如果某个人觉得对文档某一内容有不同的意见或不了解的问题，可以选中相应的内容进行评论。参会者也可以通过@ 的方式去指定具体的人解答一下相关问题，或提供相关信息和数据。

④在评论结束以后，会议组织者会让大家在文档最底部点赞，再进入沟通的环节。在讨论时，首先会先将所有的评论先过一遍，凡是没有得到充分解答的内容再进行口头沟通，进一步探讨。同时，会议组织者也可以就重点内容展开讨论。

⑤会议讨论结束后，总结会议达成的共识，设定下一步的待办事项，并设置截止日期，到了截止日期系统就会自动提醒任务的负责人。

飞阅会与传统开会模式相比，可以极大地提高开会效率，确保每个人都能带着想法参会。会议的讨论模式，由原来口头的串讲变成了并行讨论，基于在线文档 10 个人同时进行评论，评论的过程中相互不干扰，再基于评论进行进一步的讨论和解答，这种信息互动的效率远远大于依次发言的讨论，同时还可以提升参会人员的参与度。同时，会议参与者的信息接收效率更高，讨论更加聚焦有序。

此外，会议文档在会前、会中、会后，不断完善充实，会议的关键及精华内容以文档的形式沉淀下来，事后还可以反复被阅读、消化，突破空间和时间的限制，长期地发挥它的作用。

这一会议模式最早是由飞书团队摸索出来，在内部宣传推广。现在字节跳动的各大部门、各个业务线都是以这种形式开会。这种新的会议形式大大节省了时间，同时效果更好。

第二，目标的管理和对齐。

字节跳动在创业之初，就使用 OKR 这一工具来进行目标管理和对齐。现在很多互联网公司、创业公司觉得 KPI 越来越不适应发展趋势，很难衡量员工的工作，纷纷想往 OKR 转型。但是如果没有分析 OKR 和 KPI 的区别，OKR 很容易变成 KPI。

OKR 和 KPI 的区别在于：

①KPI 是固定的、分散的散点目标，譬如实现多少 DAU（日活跃用户）、完成多少任务、获得多少学员等。OKR 则是灵活、系统、完整的目标，譬如一个双月有几个具体的关键结果。

②KPI 是一个强制结果，OKR 是一个单行结果。KPI 直接跟绩效、奖金挂钩，OKR 则和绩效没有关系。KPI 是完成得越多越好，但是对于 OKR 来讲，如果每一次都 100%完成，说明目标的设定存在问题。

③KPI 是将目标进行拆解，从总负责人到员工一层一层往下拆解，而 OKR 强调的是目标对齐。

④KPI 和 OKR 的适用面不同，创造性工作、员工自驱的企业可以用 OKR，而标准化的、被数字激励的员工更适用 KPI。

第三，招聘面试。

字节跳动内部有人力资源系统，HR 在飞书日历中预约面试官时间，无需事先确认，面试前系统会智能提醒面试官，只要面试官点开日程，就能看到详细的候选人简历及视频面试的入口。

疫情期间，字节跳动会通过远程居家办公的方式为新员工办理入职手续及培训，电脑、物资直接寄送给员工。此外，员工通过在线查看云空间的文档及聊天记录，快速在家学习，进入工作状态。

参考文献

[1]Bailey D E, Kurland N B. A review of telework research: findings, new directions, and lessons for the study of modern work. Journal of Organizational Behavior, 2002, 23(4): 383-400.

[2]Finding an extra day a week: the positive influence of perceived job flexibility on work and family life balance. Groenekennis. 2001, 50(1): 49-58.

[3]Gajendran R S, Harrison D A. The good, the bad, and the unknown about telecommuting: meta-analysis of psychological mediators and individual consequences. Journal of Applied Psychology, 2007, 92(6): 1524-1541.

[4]Hill E J, Hawkins A J, Ferris M, et al. Finding an Extra Day a Week: The Positive Influence of Perceived Job Flexibility on Work and Family Life Balance. Family Relations, 2001, 50.

[5]Kossek E E, Lautsch B A, Eaton S C. Telecommuting, Control, and Boundary Management: Correlates of Policy Use and Practice, Job Control, and Work - Family Effectiveness. Journal of Vocational Behavior, 2006, 68(2): 347-367.

[6] Mokhtarian P L, Salomon I. Modeling the desire to telecommute: The importance of attitudinal factors in behavioral models. Transportation Research Part A Policy & Practice, 1997, 31(1): 35-50.

[7]Mokhtarian P L. Telecommunications and Travel: The Case for Complementarity. Journal of Industrial Ecology, 2002, 6(2): 43-57.

[8]Mokhtarian, Patricia L. A Synthetic Approach to Estimating the Impacts of Telecommuting on Travel. Urban Studies, 2014, 35(2): 215-241.

[9]None. 疫情之下，如何更安全地远程办公——金融业 VPN 远程访问的终端安全加固方案. 中国金融电脑，2020(3)：87-88.

[10]Olive Keogh，胡广和. 远程办公时如何提高员工抗压力. 英语文摘，2020(10).

[11]Sachs, Patricia. Transforming work: collaboration, learning, and design. Communications of

the Acm, 1995, 38(9): 36-44.

[12]北森人才管理研究院. 直播精华：以零售行业为例，为你解析疫情下的远程办公指南[EB/OL]. https://mp. weixin. qq. com/s/zio93DPqC4anz4I6yer1VA, 2020-02-14.

[13]曹玮钰. 抗“疫”催生“风口”？远程办公全功能产品或笑到最后. 现代青年, 2020, No. 449(03): 28-30.

[14]陈卫平. 浅析远程办公模式下的网络安全. 现代电视技术, 2020, 000(005): 117-119.

[15]陈翔，胡志斌. 高等学校新型冠状病毒肺炎防控指南. 北京：人民卫生出版社, 2020：88.

[16]大连泛微——远程办公，打造垂直的上下级体系是关键[EB/OL]. https://www. sohu. com/a/380731738_120610509, 2020-03-18.

[17]刁喆，刘彦孜，金路超，杨舒婷，林清然. 远程办公时期数据安全保护研究. 信息安全研究, 2020, 62(11): 82-87.

[18]郜若璇，徐思彦. 远程办公时代范式转换后的三大核心变革. 互联网经济, 2020(3): 68-73.

[19]光贤. 2020远程办公/云办公分类排行榜. 互联网周刊, 2020.

[20]郭泽中. 远程办公背景下员工归属感的缺失与重塑. 现代营销(下旬刊), 2020(08): 202-203.

[21]国家卫生健康委办公厅. 新型冠状病毒感染的肺炎诊疗方案(试行第五版)[EB/OL]. http://www. nhc. gov. cn/yzygj/s7653p/202002/3b09b894ac9b4204a79db5b8912d4440. shtml, 2020-02-05.

[22]何菁於. 远程办公的权宜不易. 产城, 2020(11): 77-78.

[23]金磊，银锋. “互联网+”经济背景下远程办公对企业人力资源的启示. 营销界, 2020(15): 62-63.

[24]孔冰欣. 远程办公App推动企业数字化转型. 新民周刊, 2020, 000(009): 38-41.

[25]李白咏. 新冠疫情之下，远程办公在欧美成为常态. 中国电信业, 2020(11): 75-76.

[26]李汇. 远程办公需要注意的网络安全问题. 计算机与网络, 2020, 620(04): 57-58.

[27]李进才. 远程办公谁最靠谱 在线文档体验. 计算机与网络, 2020, 620(04): 39-41.

[28]李振华. 疫情防控时期远程办公及管理应用. 环球市场, 2020, 000(002): 217.

[29]刘超，张超成，杨雨昕，等. 浅谈互联时代远程办公提升员工积极性的有效措施. 经济与社会发展研究, 2020(2): 0128-0128.

[30]刘继茂. 中医推拿治疗神经根型颈椎病的临床研究进展. 内蒙古中医药, 2018, 37(8): 123-124.

[31]刘林平．远程办公的管理与挑战. 人民论坛，2020，000(011)：68-70.

[32]刘扬．冬季如何预防流感. 光彩，2019(1)：62-63.

[33]刘壮，商嘉茜，彭俊荣，等．远程办公普及研究——以会计师事务所为例. 经济技术协作信息，2020(6)：22-23.

[34]流行性感冒诊断与治疗指南(2011 年版)(一). 全科医学临床与教育，2011，9(2)：123-126.

[35]毛富强．心里防护平安居家-居家内观操作手册. 北京：北京大学医学出版社，2020：99.

[36]孟庆娇．远程办公：形散神聚的艺术. 人力资源，2020，458(05)：80-82.

[37]孟雪．远程办公带来的安全隐患及对策. 网络安全和信息化，2020，49(05)：24-24.

[38]冉亨怡．OKR 远程办公的标配?. 企业管理，2020(10).

[39]芮雪．互联网经济时代下远程协同办公效率提升方法研究. 中国管理信息化，2020，433(19)：100-102.

[40]孙承璐．居家远程工作劳动法律制度研究//上海法学研究集刊(2020 年第 1 卷 总第 25 卷)——疫情防控法治研究．2020.

[41]王成峰，王巍令．疫期产业观察：远程办公的机会与策略. 中国自动识别技术，2020，83(02)：31-34.

[42]王极盛，李焰．中国中学生心理健康量表的编制及其标准化. 社会心理学，1997(4)：19-20.

[43]魏玉峰．浅析远程办公网络安全风险与防护措施. 网络安全技术与应用，2020(4).

[44]习近平：在统筹推进新冠肺炎疫情防控和经济社会发展工作部署会议上的讲话. 人民日报，2020-02-24.

[45]谢菊兰．非工作时间的工作性通信工具使用行为与幸福感的关系——基于 251 对双职工夫妻配对数据的研究. 武汉：华中师范大学，2014.

[46]邢小兰．疫情期间，企业文化部门如何更好发挥作用?［EB/OL］. https：//www. ddsjrmt. com/wenhua/qywh/2020/0229/672. html，2020-02-29.

[47]胥日．疫情下的远程办公优化路径. 中国管理信息化，2020(14).

[48]杨帆．陈晓晖：湛庐做好远程办公的秘诀. 出版人，2020，285(04)：32-34.

[49]张晓星．补肾法治疗冠心病心绞痛的临床研究. 哈尔滨：黑龙江省中医研究院，2008.

[50]赵月霞．发展远程办公 推进七坡林场智慧化管理. 经济研究导刊，2020，450(28)：122-123.

[51]中国疾病预防控制中心．新型冠状病毒感染的肺炎——公众预防指南：口罩使用临时

指南[EB/OL]. http://www.chinacdc.cn/jkzt/crb/zl/szkb_11803/jszl_2275/202001/t20200129_211523.html，2020-01-29.

[52]中国心理卫生协会．新型冠状病毒感染肺炎公众心理自助与疏导指南. 北京：人民卫生出版社，2020.

[53]钟力，高曦．基于安全即时通信技术的远程办公解决方案及应用. 信息安全研究，2020，006(004)：301-310.

[54]孙健敏，崔兆宁，宋萌．弹性工作制的研究述评与展望. 中国人力资源开发，2020，37(09)：69-86.

[55]高中华，赵晨．工作家庭两不误为何这么难？基于工作家庭边界理论的探讨. 心理学报，2014，46(04)：552-568.

[56]刘东洋．基于环境心理学的居家办公空间设计研究. 产业科技创新，2020，2(02)：64-65.

[57]赵春艳．居家办公考勤、工资、加班费怎么算？法官来解答. 民主与法制时报，2020-03-12(007).

[58]邹开亮，王霞．居家办公模式下劳动法制度的适用困境与突破. 长春理工大学学报(社会科学版)，2021，34(03)：59-64.

[59]李中，杨书超．居家办公为何很累：基于边界理论的解释. 前沿，2020(06)：100-106.

[60]徐佳．远程办公之劳动法律问题对策研究. 重庆广播电视大学学报，2021，33(06)：62-69.

[61]周具琴．远程工作新形态下劳动关系的法律保护. 湖北职业技术学院学报，2021，24(02)：100-104.

[62]田思路，童文娟．远程劳动者权益保护探究：以网络平台主播和居家办公形式为例. 中国人力资源开发，2020，37(06)：17-27.